黄 捷——著

核酸 的前世今生
A Brief History of Nucleic Acids

北京大学出版社
PEKING UNIVERSITY PRESS

图书在版编目（CIP）数据

核酸的前世今生 / 黄捷著. —北京：北京大学出版社，2022.11
ISBN 978-7-301-31094-6

Ⅰ. ①核… Ⅱ. ①黄… Ⅲ. ①核酸 – 普及读物 Ⅳ.①Q52-49

中国版本图书馆CIP数据核字（2022）第065693号

书　　　名	核酸的前世今生
	HESUAN DE QIANSHI JINSHENG
著作责任者	黄　捷　著
责 任 编 辑	黄　炜
标 准 书 号	ISBN 978-7-301-31094-6
出 版 发 行	北京大学出版社
地　　　址	北京市海淀区成府路205号　100871
网　　　址	http：//www.pup.cn　　　新浪微博：@北京大学出版社
电 子 信 箱	zpup@pup.cn
电　　　话	邮购部010-62752015　发行部010-62750672　编辑部010-62764976
印 刷 者	北京宏伟双华印刷有限公司
经 销 者	新华书店
	730毫米×980毫米　16开本　16.75印张　161千字
	2022年11月第1版　2022年11月第1次印刷
定　　　价	58.00元

前言：核酸检测引发核酸起源的思考

　　新型冠状病毒（以下简称"新冠病毒"）肺炎疫情（以下简称"新冠肺炎疫情"）的本质问题是新冠病毒的大量扩散和复制，而每一个新冠病毒的核心和"总指挥"就是核酸。所以，新冠肺炎疫情的全球大流行，本质就是核酸从病毒包膜"破茧而出"，攻击人类。在疫情发生之前，知道"核酸"的人数应该不会比知道"硝酸""硫酸""尿酸""碳酸"的人多。而疫情发生之后，铺天盖地的"核酸检测"让"核酸"二字家喻户晓、妇孺皆知。硝酸可以制成炸药，硫酸腐蚀性极强，尿酸高会导致痛风症，碳酸饮料喝多了可能让人长胖。跟这些普通的"酸"相比，有了"核"字加持的"核酸"似乎更加神秘、更加威力无穷。

　　本书起初取名为"核酸大爆炸"，听起来有点像核爆炸。这并不是危言耸听，病毒核酸的变异和繁殖失控所造成的全球疫情大流行并不比核爆炸的威力和破坏力小。2021 年 2 月 10 日，新冠肺炎疫情感染人数突破了 1 亿。英国《每日邮报》就此刊登了《世界上所有的冠状病毒都可以装在一个可乐罐里，还有足够的空间》（All the coronavirus in the world could fit inside a Coke can, with plenty of room to spare）一文。基于英国巴斯大学数学系讲师基特·耶茨（Kit Yates）的计算，当时散布在全球范围内的所有新冠病毒粒子，连一个 330 毫升的可乐罐都填不满。这些新冠病毒粒子的总体积远小于 1945 年 8 月 6 日美国在日本广岛投下的第一颗原子弹的体积。2021 年 3 月 5 日，世界卫生组织总干事谭德塞（Tedros Adhanom Ghebreyesus）在一次新闻发布会上指出，新冠肺炎疫情带给世界的集体创伤比第二次世界大战还要严重。2020 年 3 月 18 日，美国哈佛大学遗传学教授谢卡尔·凯西锐森（Sekar Kathiresan）在推特上写道："29 829 个核酸碱基可以停掉整个世界"（29 829 bases of RNA can shut down the world）。这短短一句话直接道出了核酸的威力和病毒核酸造成的危害。

在本书中，笔者不打算讲述病毒导致的疫情和灾难，而是想从科学的角度去讲述核酸的前世和今生，以及新冠肺炎疫情发生以来所引发的生物科技和信息技术的大爆发。疫情点燃了人类跟瘟疫的战火，人类运用自己的智慧协同作战，源源不断地促成生物技术的大爆发和信息技术的大爆发。比如，核酸检测中最常用的聚合酶链式反应（polymerase chain reaction，PCR）技术不仅获得了 1993 年的诺贝尔化学奖，而且成为生物科技里最常用的技术。从疫情防治战斗中锤炼出来的核酸疫苗新技术虽然没有获得 2021 年的诺贝尔奖，但它对人类战胜疫情的贡献有目共睹。说到 2021 年的诺贝尔奖，那些看起来"遥不可及"的科学家在做的事情变得越来越接地气，也变得跟我们的日常生活息息相关。2021 年的诺贝尔物理学奖，授予了三位对"理解复杂物理系统做出开创性贡献"的学者，他们所研究的全球气候变化跟全球大流行性传染病有着密切的关系。获得 2021 年诺贝尔经济学奖的三位计量经济学家开创了一个"自然试验"研究方法，研究了诸如"名校毕业生是否赚得更多"这样的世俗问题。他们所用的工具变量（instrumental variable）也被广泛应用到生物医学研究领域，催生了孟德尔随机化（Mendelian randomization）方法，能有效地鉴定"关联"关系是否存在"因果"性。类似这样的诺贝尔奖，将引导各学科的研究回归到现实世界和以数据为导向的研究中，架起了科学普及和科学圣殿之间的桥梁。

Contents
目录

Contents
目录

第 1 章

核酸科学：从核酸世界到核酸危机

- 思考核酸，地球形成之初的核酸世界
- 观测核酸，垃圾堆里捡到的“珍珠”
- 检测核酸，起底 PCR 和它的“浪子”发明者
- 监控核酸，世界很大，病毒也想到处去“看看”
- 前世今生的核苷酸：酸甜的内心实为“碱”

2018 年，笔者撰写了《基因的名义》一书，其开篇是"基因简史 160 年"，其中第一句话是"基因的英文单词为 gene，来源于古希腊语 génos，是种族和后代的意思"。从生物学来说，基因是有功能的，就如其古希腊语原意的"种族和后代"，包含了繁衍生殖的重要生命功能。在中文中，gene 被翻译成"基因"，既跟英文的发音对得上，又表达了"基本的因子"这样的含义，这就好比"可口可乐""宝马""奔驰"这样的译法，在意译和音译上都堪称完美，大众也喜欢。如果有人夸"你的基因很强大"，这句话一定很让人受用。而"核酸"却好比"硝酸""硫酸""尿酸""碳酸"，给人的感觉依然很学术，且不会有很美妙的感觉。其实，"核酸"最开始得到这个名字，仅仅是因为它在细胞核中首次被发现，并且具有酸性。

在进行有关人类健康研究的时候，我们一般比较关心的是"功能"，比较倾向于用"基因"这个词，也由此引申出日常口语中的"强大的基因""创业基因"等词汇。当然，"功能"的定义也在演化，最开始狭义地指 "合成"蛋白质的功能，后来引申到"调控"这个合成过程的功能，甚至更广泛的功能范畴。跟"基因"的功能属性相比，"核酸"更侧重的是其结构和化学属性。在新冠肺炎疫情期间，当我们排队测核酸时，只是简单地检测是不是有新冠病毒的核酸这种物质，这时并不关心所要检测的新冠病毒的核酸的功能，所以称作"核酸检测"。如果科学家想在基因层面研究新冠病毒的变异和传播力等功能相关问题，一般会检测整个病毒的序列，这个过程一般称作"基因测序"。

当撰写《基因的名义》时，笔者在第一章中从"思考基因""观测基因""检测基因""调控基因"四个方面来全面系统地讲述有关人类基因的基础科学知识。而在本书第一章，也将从这四个方面来讲述核酸，特别是跟病毒相关的核酸。不过，最后一节的"调控"改为"监控"，毕竟病毒无处不在，人类缺乏可以大规模"调控"病毒的技术手段。"监控核酸"，主要是指监控致病性病毒体内核酸的变异对致病力的影响，如何使病毒从一个物种跳跃到一个新的物种（特别是人类）。因此，本书第一章的四个小节的题目分别涉及"思考核酸""观测核酸""检测核酸""监控核酸"。

思考核酸，地球形成之初的核酸世界

　　《基因的名义》中的"思考基因"是从查尔斯·罗伯特·达尔文（Charles Robert Darwin）和他提出的进化论说起的。2011年，来源于科学网的一篇文章《生命科学领域最伟大的十位科学家》，将达尔文排在第一位。作为进化论的奠基人，达尔文在1859年出版巨著《物种起源》（*The Origin of Species*），又在1871年出版了《人类的由来及性选择》（*The Descent of Man, and Selection in Relation to Sex*），从而摧毁了各种唯心的神造论以及物种不变论，极大地促进了人类对生命的科学认知。有点遗憾的是，达尔文进行科学考察时，随身带着的仪器设备还看不见病毒，更别说隐藏在病毒体内的核酸，所以，在他的这两本书中只思考了肉眼能看得见的物种，没能探讨地球上是如何出现第一个核酸、第一个细胞、第一个微生物的。他关注的是物种进化的过程，而不是生命的起源。

　　其实，进化论并非只有达尔文一个人提出来，那个时代他还不算是"独孤求败"。在澎湃新闻网的一篇文章《达尔文与华莱士：进化论为何没有产生版权纠纷》中提到，1858年6月，达尔文收到了同为英国博物学者和探险家的阿尔弗雷德·拉塞尔·华莱士（Alfred Russel Wallace）从马来群岛寄来的信件，该信件系统地阐述了华莱士对物种起源的观点。华莱士提出的基于自然选择的进化机制，与达尔文的观点十分相似，甚至连华莱士使用的一些术语都是达尔文正在撰写的书稿中的部分章节标题，因此有人主张进化论应该被称为达尔文 – 华莱士进化论。

　　在达尔文的诸多信件中，最有名的可能要算他于 1871 年 2 月 1 日写给好友约瑟夫·胡克（Joseph Hooker）的一封，在该信中，达尔文大胆地提到了他对生命起源的猜想。这封信很短，没有朋友间的嘘寒问暖，而是直入主题地讨论科学。信中写道：人们常说初次产生生物的一切条件现在都具备，过去也会是如此。然而如果（好家伙！这是多么伟大的如果！）我们能够想出在某一个温和的小池塘中，有氨、磷酸盐、光、热、电等所有的东西，并想象形成了某种类似蛋白质的化合物，正准备经历更复杂的变化；在今天，小池塘中的这类蛋白质化合物将会立刻被吞食或吸收掉，但在地球上还没有生命形成的时候，这些蛋白质化合物是不会被吞食或吸收的 [1]。

---

1 达尔文信件的原文如下：It is often said that all the conditions for the first production of a living organism are now present, which could ever have been present. But if（and Oh! what a big if!）we could conceive in some warm little pond with all sorts of ammonia and phosphoric salts, light, heat, electricity etc., present, that a protein compound was chemically formed, ready to undergo still more complex changes, at the present day such matter wd be instantly devoured, or absorbed, which would not have been the case before living creatures were formed.

　　上面的信中所表达的就是达尔文的"温暖的小池塘假说"，也称为"热池假说"。根据热池假说，在原始地球环境下，简单的无机物通过化学反应转变为有机物，有机物再发展为生物大分子，直到出现一个最简单、最原始的细胞，最终演化出地球上缤纷多彩的各类生命形态。这个热池假说，今天听起来很简单，似乎不值得大书特书。但是，在达尔文所在的那个年代，假想氨、磷酸盐等无机物质在经受光、热、电的洗礼后能形成蛋白质化合物，这从根本上动摇了"神创论"，在当时是非常了不起的。当然，达尔文的热池假说以个人主观猜测的成分居多，所以没有在公开的学术会议或学术期刊上发表出来，只是在跟朋友的私信中提及。

　　进入 20 世纪后，苏联科学家亚历山大·奥帕林（Alexander Oparin）将达尔文的热池假说发展成更有说服力和影响力的"原始汤（primordial soup）理论"。奥帕林提出，生命存在之前的地球被还原性的大气层包裹，大气层中含有丰富的氢、甲烷和氨等物质。在闪电或火山喷发产生的热量的作用下，这些无机物形成不同的有机分子，有机分子溶解在海洋中形成有机"汤"。随着时间的推移，有机物发展为生物大分子，直到出现一个最简单、最原始的细胞，最终演化出地球上缤纷多彩的各类生命形态。1924 年，奥帕林写出了《生命起源》（*The Origin of Life*）一书，书名也算是跟达尔文的《物种起源》（*The Origin of Species*）相呼应。奥帕林提出的原始汤理论有两个重要观点：（1）生命物质和无生命物质在化学上没有根本区别，不存在所谓的"生命特有的元素"。因此，生物体内的物质与生命的表现形式和特征的复杂组合，必然是在无生命物质的演化过程中出现的。（2）有机汤中的有机物在各种机缘巧合下最终形成一种新的分子，该分子具有自我复制的能力，从而催生了第一个最简单的生命。前面提到，跟达尔文几乎同时提出进化论的还有华莱士。无独有偶，原始汤理论的提出过程中也有一对类似的"神仙搭档"。在奥帕林的同一时期，生于英国牛津镇的约翰·霍尔丹（J. B. S. Haldane）也独立地提出了相似的理论，并且"原始汤"一词是霍尔丹首创的。所以，原始汤理论也被称为"奥帕林 – 霍尔丹假说"（Oparin-Haldane hypothesis）。

　　第二次世界大战之后，美国成为世界上实力最强的国家，生命科学研究领域突飞猛进。1952 年，芝加哥大学的斯坦利·米勒（Stanley Miller）和他的导师哈罗德·尤里（Harold Urey）通过实验为原始汤理论提供了强有力的科学根据。尤里因发现氘（重氢，氢的同位素）而获得 1934 年诺贝尔化学奖，后来在第二次世界大战期间参加过"曼哈顿计划"，为原子弹核心收集不稳定的铀 -235。1952 年，师徒二人在实验室中复现了原始汤理论的关键一步——从无机物中产生有机物的过程。他们将多种无机物（水、甲烷、氨气、氢气和一氧化碳）密封于烧瓶内，然后用电极产生火花模拟原始地球大气的闪电。仅仅几天后，在密封仪器中的无色的水就有了颜色，原本透明的玻璃变得污迹斑斑，沾满了黏稠的黑色"污泥"。米勒分析这些"污泥"后，发现其中含有甘氨酸和丙氨酸等有机物质，该试验从无到有地创造了生命诞生所需的两种重要成分。这个实验结果于 1953 年发表在《科学》杂志上，论文的题目是《在可能的早期地球环境下之氨基酸生成》（A production of amino acids under possible primitive earth conditions）。这个实验被称为米勒–尤里实验（Miller-Urey experiment）（图 1.1）。如今，这个实验也成为无数中学课堂的必修实验。

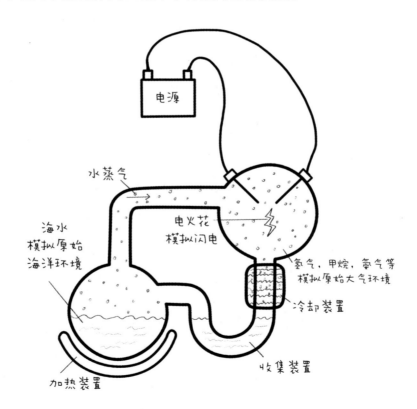

图 1.1　米勒–尤里实验

米勒–尤里实验从某种意义上证明了无机物可以变成有机物，通俗地说就是死物可以变为活物，这是"无生源说"（abiogenesis）。 与之相反的是"生源说"（biogenesis），认为地球上所有生命都是从其他生命衍生、演化而来。

米勒–尤里实验具有划时代的意义，但也只是探索生命诞生漫长道路的第一步，而迈出第二步的关键人物是英国化学家莱斯利·奥格尔（Leslie Orgel）。2007 年 10 月 31 日，在奥格尔逝世后的第 4 天，《洛杉矶时报》发表了《莱斯利·奥格尔，80 岁的化学家，是关于生命起源的"RNA 世界"理论之父》（Leslie Orgel, 80; chemist was father of the RNA world theory of the origin of life）一文。该文提到，20 世纪 60 年代初期，大多数科学家认为 DNA 是地球上首先出现的生命物质，而奥格尔认为 DNA 结构太复杂，作为 DNA 和蛋白质之间的中间物质 RNA，才是活分子的起源。1973 年，奥格尔出版了《生命的起源：分子和自然选择》（The Origins of Life: Molecules and Natural Selection）一书。奥格尔认为：如果 RNA 能像蛋白质那样折叠，或许它能形成酶。这样一来，RNA 既可以像 DNA 那样储存遗传信息，又可以像蛋白质那样催化化学反应，因此就可以成为生命的起源。

关于 RNA 可以起到催化作用这一设想，奥格尔起初也是得到了 1962 年诺贝尔生理学或医学奖获得者、英国科学家弗朗西斯·克里克（Francis Crick）的鼎力支持。根据 2021 年 1 月 11 日澎湃新闻网转载的文章《20 世纪最伟大生物学家：生物学研究有什么特别之处？》，克里克是公认的 20 世纪最伟大的生物学家之一，他与詹姆斯·沃森（James Watson）合作发现了脱氧核糖核酸（deoxyribonucleic acid，DNA）的双螺旋结构，同时还预见了转移 RNA（transfer RNA，tRNA）的存在，提出了"中心法则（central dogma）"，率先破解了遗传密码表，为分子生物学的发展奠定了基础。获得1980年诺贝尔化学奖的哈佛大学物理学家沃特·吉尔伯特（Walter Gilbert）于 1986 年将生命起源于 RNA 的理论总结为"RNA 世界"。但是，直到 20 世纪90年代，美国科罗拉多大学的托马斯·切赫（Thomas Cech）和耶鲁大学的悉尼·奥尔特曼（Sidney Altman）通过实验证明了 RNA 的自我催化功能，发现了 RNA 酶（核酶），才让"RNA 世界"这一理论站稳了脚跟，切赫和奥尔特曼也因此获得了 1989 年诺贝尔化学奖。

在达尔文的进化论中，创造后代的能力绝对是生命的核心，生物在物竞天择中保存下来的方式就是大量繁殖后代。当然，生命体首先要新陈代谢，从周围环境中获取能量，让自己生存下来。在许多生物学家看来，新陈代谢才是生命的原始特征，复制是随后出现的。从 20 世纪 60 年代开始，研究生命起源的科学家分为"代谢第一"（metabolism-first）和"复制第一"（replicationfirst）两大主要阵营。还有一个相对较小众的"区隔第一"阵营，代表人物包括意大利科学家皮耶尔·卢多维克斯·路易西（Pier Luigi Luisi）。"区隔第一"阵营的推理很简单，却无可辩驳：除非先有一个容器可容纳所有分子，否则在化学物质泛滥的环境中，怎么可能确保 RNA 自我复制和新陈代谢？

一个关于生命起源的问题，最开始是英国的达尔文在给朋友的信中提出热池假说，后来是苏联的奥帕林和英国的霍尔丹进一步系统地提出原始汤理论。在米勒－尤里实验为原始汤理论提供实验证据之前，奥帕林和霍尔丹被一些人认为是疯子，宝贵的生命怎么可能诞生于一滩炽热的汤水里呢？米勒－尤里实验也不是一锤定音。在该实验结果公布之后，科学家分析了远古地球的气候、温度等因素，认为氨气、甲烷、氢气或许从未在同一时间段作为地球上的主要气体存在过。在原始汤理论变得岌岌可危之际，来自深海热泉的研究为这个理论的合理性带来了重磅支持。1977 年，俄勒冈州立大学科学家杰克·科利斯（Jack Corliss）领导的团队潜入东太平洋 2500 米的深海中，在加拉帕戈斯裂谷看到了不可思议的深海热泉美景：两千多米深的海底，竟然烟囱林立，烟雾缭绕，蒸汽腾腾。而在热泉周围存在一个神奇的生命世界，聚集着细菌、甲壳类和章鱼等各种大小生物，生机盎然，其物种繁盛可与珊瑚礁相媲美。20 世纪 80 年代，科学家进一步在深海发现了一类由海水渗透进岩石形成的热泉。缓慢的海水侵蚀使得岩石形成许多肉眼不可见的空腔，在电子显微镜下看到的这些空腔与细胞尺寸相仿。科学家们猜测，大自然的第一锅"原始汤"或许就是在这大海深处"炖"出来的。

也就是在 20 世纪 80 年代，有一部很流行的电影《大海在呼唤》。电影的主题曲《大海啊，故乡》，前面三句歌词是"小时候妈妈对我讲，大海就是我故乡；海边出生，海里成长；大海啊，大海，是我生活的地方"。笔者在读研究生的时候才第一次见到大海，以前实在很难体会"海里成长"的意思，现在似乎有些懂了。

进入 21 世纪后，生命起源的研究依然在延续。2009 年，剑桥大学约翰·萨瑟兰（John Sutherland）团队将乙炔和甲醛混合，经过一系列反应最终合成 RNA 的两种核苷酸，该实验展示了 RNA 在 "温暖的小池塘"中形成的可能路径。在新冠肺炎疫情肆虐的 2020 年夏天，萨瑟兰在《自然》杂志再次发文，论文题目是《生命起源以前的 RNA 嘧啶和 DNA 嘌呤的选择性形成》（Selective prebiotic formation of RNA pyrimidine and DNA purine nucleosides），该文章质疑了传统的"RNA 世界"理论，认为 RNA 和 DNA 是好兄弟（molecular siblings），有可能共同参与生命的形成，而不是父子关系（as opposed to one being the parent of the other）。

2018 年 5 月，《自然》杂志刊登了哈佛大学杰克·绍斯塔克（Jack Szostak，2009 年诺贝尔生理学或医学奖获得者）的评论文章《生命是怎么开始的？》（How did life begin？）。随后，2019 年，《哈佛杂志》在线发表《生命怎样开始》（How life began），这篇介绍绍斯塔克的通讯的题目跟绍斯塔克发表的评论文章的题目是一样的意思。《哈佛杂志》的这篇通讯配上了一张地球早期的生命演化粗略时间线（图 1.2），这应该是基于目前最新最权威的信息得出的。这张图显示，40 亿年前在原始汤里最开始出现的只能算是"生命前化学物质"（prebiotic chemistry），而接下来闪亮登场的是 RNA 世界，再往后就是 DNA 和蛋白质的出现。

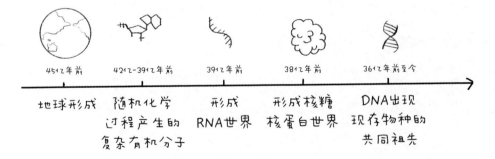

图 1.2　地球早期的生命演化粗略时间线

（仿自 ERIN O'DONNELL,2019. How life began[J/OL].[2021-12-20]. https://www.harvar-dmagazine.com/2019/07/origin-life-earth）

关于生命的起源，除了"无生源说"和"生源说"，还有"泛种论"（panspermia），该理论认为在庞大的外太空里有着各式各样的生物分子，这些分子会随天外来客（宇宙尘或陨石等）降临地球，成为地球生命最初的原材料。比泛种论更加偏激一点的是"外源论"（exogenesis），也就是类似"外星人"那样的故事；再有就是"神创论"（creationism）了，认为是上帝创造了生命。

哈佛大学是一个文化多元化的地方。在那里，关于生命起源的问题，既有上述诺贝尔奖获得者的理论，也有天文学家"天马行空"的猜想。哈佛大学天文学系原主任阿维·洛布（Avi Loeb）在 2021 年 1 月出版了《天外来客：地球之外智慧生命的首个迹象》（*Extraterrestrial: The First Sign of Intelligent Life Beyond Earth*）一书。在书中洛布重申过去他曾提过的观点，认为 2017 年通过太阳系的雪茄状诡异星体，就是外星文明的产物（确切地说，是废弃物）。洛布认为，寻找外星文明的方法之一，就是寻找他们丢掉的废弃物。

外太空总是那么令人神往。新冠肺炎疫情暴发之后，人类居住的地球"一片惨淡"，而外太空却"热闹非凡"。2020 年在全球经济被疫情折磨得风雨凋零的时候，有一个人却屡屡吸引全球的目光，他就是特斯拉的创始人埃隆·马斯克（Elon Musk）。2020 年 5 月 30 日，马斯克的公司——太空探索技术公司（SpaceX）实现全球首次商业载人发射，SpaceX 也成了首个掌握载人飞船技术以及拥有发射能力的私营公司。在此之前，有能力进行载人发射的国家仅有中国、美国和俄罗斯，且无一例外都是以国家力量在推动。航天飞机时代落幕之后，美国已经近 10 年没有实施载人发射。SpaceX 的成功发射将美国重新带回载人发射国家的行列，美国的宇航员也终于可以不用坐着俄罗斯的飞船遨游太空了。

2021 年 1 月 7 日，马斯克的个人身价超越亚马逊公司的创始人杰夫·贝索斯（Jeff Bezos），第一次成为世界首富。当天有人在推特上发这个消息的时候，马斯克先是回复一句"好奇怪哦"（how strange），然后又来了一句"好吧，继续工作"（well, back to work）。2021 年 11 月 2 日，马斯克在推特上写下"人类"（Humankind），接着就是一首中文古诗——曹植的《七步诗》，没有任何说明或翻译，引爆网友热议。

2021 年 12 月 13 日，美国《时代》杂志将马斯克评选为 2021 年度风云人物。杂志在介绍马斯克的第一段写道："作为世界上最富有的人，他没有房子，最近一直在抛售财产。他将卫星送入轨道，并利用太阳能服务千家万户。他驾驶着一辆自己制造的汽车，不需要汽油，也几乎不需要司机。他的手指一挥，股市就会暴涨或暴跌。他的每一句话都被一大群粉丝挂在嘴边。当他把业务推向全球时，还梦想着移民火星，他的方下颌透露着不屈不挠"[1]。

---

1 英文原文如下：The richest man in the world does not own a house and has recently been selling off his fortune. He tosses satellites into orbit and harnesses the sun; he drives a car he created that uses no gas and barely needs a driver. With a flick of his finger, the stock market soars or swoons. An army of devotees hangs on his every utterance. He dreams of Mars as he bestrides Earth, square-jawed and indomitable.

　　或许我们人类对生命的起源也是猜测的成分居多，但是对于地球起源的时间，还是有一套非常科学的方法来推测的。根据2019年4月《科技日报》上的一篇文章《这些年我们是如何计算地球年龄的？》，曾任爱尔兰天主教会大主教的詹姆斯·乌雪（James Ussher）在1645年出版的著作《乌雪年表》中，认为整个世界被上帝创造于公元前4004年10月22日下午6时。1650年，乌雪把研究结果写成了一本书《旧约圣经年表，从世界之初》（*Annals of the old testament, Deduced from the First Origins of the World*）。

　　最早尝试用科学方法探究地球年龄的是英国物理学家埃德蒙·哈雷（Edmond Halley）。尽管他的名字有时候被写成Edmund，但他就是预测我们耳熟能详的"哈雷彗星"回归时间的哈雷。哈雷假设，在地球形成之初，海中是没有盐的，随着矿物质不断从陆地风化后流入海洋，海水不断变咸。那么，用大洋海水总含盐量除以每年流入大洋的盐分就能计算地球的年龄了。热力学之父威廉·汤姆森（William Thomson），也就是提出开尔文（Kelvin）绝对温标的开尔文男爵，也用了类似的思路。"开尔文"一词来自他在英国格拉斯哥大学实验室旁边的开尔文河。汤姆森假定地球初始的时候是一个巨大的高温火球，根据地球的初始温度、岩石的导热率和现在地表的地热梯度就能估算地球的年龄。1897年汤姆森宣布地球年龄大约是两千万年。由于汤姆森名气太大，他所计算的地球年龄影响了半个世纪，阻碍了地质学的发展。那段时间被称为地质学发展史上的黑暗时代。

在汤姆森宣布了那个错误的研判之后不久，法国科学家安东尼·亨利·贝克勒尔（Antoine Henri Becquerel）发现了放射性现象，他于 1903 年和皮埃尔·居里（Pierre Curie）偕夫人玛丽·居里（Marie Curie）共享了诺贝尔物理学奖。放射性活度的国际单位以贝克勒尔的名字命名，简称贝可，符号 Bq。以制造原子弹的铀为例，它释放出 α 粒子（也就是带正电的氦原子核），最终衰变为稳定元素铅，那么通过测定氦在含铀矿石中的含量，就可以估算该矿石的年龄。后来质谱仪的发明，极大地推动了现代放射学和同位素年代学研究的发展。

世界那么大，要在全球范围内寻找最古老的岩石来确定地球年龄，十分困难。最理想的石头，或许就是神话中女娲补天炼出来的那一块。虽然这是神话，但人们还是把视线转移到"天外来客"——陨石上，因为陨石和地球都是太阳系形成的产物，形成年代相同。1956 年，美国地球化学家克莱尔·帕特森（Clair Patterson）将铀铅测年法改进为铅铅测年法，推算出所测定的陨石的年龄为 45.5 亿年。

可惜陨石里面没有地球上最早期的生物体的化石，要不然推算地球上最早的生物体的年龄就轻而易举了。在地球上，含有生物体的微化石一度被认为出现在形成于 38 亿年前的格陵兰岛，但实际上在那里只发现了碳氢化合物的存在，只能说是一种间接证据，好比房间里的烟味只能间接证明有人来过。目前能找到的最早的微化石是地球诞生后不久便生活在地球上的细菌的残骸。它们是显微镜下的艺术品：细管、长丝和奇怪的波形曲线蚀刻在一些已知的古老的岩石里。1982 年，美国加利福尼亚大学（以下简称"加州大学"）洛杉矶分校的古生物学家 J. 威廉·舍普夫（J. William Schopf）开始研究澳大利亚西部黑硅石岩层，那是地球上为数不多的保留地球早期地质证据的地方之一，很大程度上是因为它没有受到可能引起改变的地质作用。2017 年，舍普夫使用了复杂的化学分析，确认这个岩层中的微观结构确实是生物学的微观结构，这使得来自 35 亿到 34 亿年前的它们成为当时世界上较古老的生物体化石，并且也是地球上生命早期存在的直接证据。通过类似的分析方法，科学家们现在基本掌握了地球上主要生物类群出现的时间（图 1.3）。达尔文很早以前就认为，怎么也需要十几亿年地球上才能孕育出如此丰富的物种，由此可见他的理论的先进性和前瞻性。

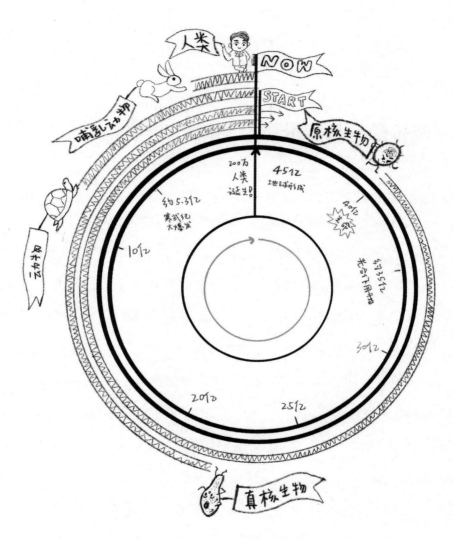

图 1.3　生命起源和进化详细时间轴（单位：年）

观测核酸，垃圾堆里捡到的"珍珠"

　　虽然理论上核酸早在几十亿年前就在地球上出现了，但是人类发现核酸大约是在 1869 年。新冠肺炎疫情发生的 2019 年，本应是纪念核酸发现 150 周年，没想到，150 周年纪念却是以随后铺天盖地的"核酸检测"这种方式让全世界都真正地知道了什么是核酸。

　　1869 年，时年 25 岁的瑞士科学家弗里德里希·米舍（Friedrich Miescher）发现了核酸。米舍当时做科研的实验室导师是被誉为生物化学"缔造者"的德国科学家恩斯特·霍佩 – 塞勒（Ernst Hoppe-Seyler）。霍佩 - 塞勒和米舍都没有获得过诺贝尔奖，毕竟第一个诺贝尔奖是 1901 年才开始颁发的。不过霍佩 – 塞勒的另一个学生（实验室助手）阿尔布雷希特·科塞尔（Albrecht Kossel）因为分析出核酸的具体化学成分而获得了 1910 年诺贝尔生理学或医学奖。这正是"自古英雄出少年"和"名师出高徒"的典范。在那个时代，蛋白质已经广为人知，米舍主要是跟着导师研究脓血细胞中的化学成分，他的科学梦想应该只是想发现点跟蛋白质不同的

物质。他将在医院收集来的旧绷带上面的脓细胞和脓血进行分离，
然后对细胞质中的成分进行研究来寻找一些与蛋白质相似但又不是
蛋白质的物质。当他在细胞质里没有找到新物质之后，就把目光投
向了细胞核。有一种简单的方法可以鉴定某种物质是不是蛋白质：
如果某物质能被蛋白酶分解，那它就是蛋白质，否则就不是。米舍
将蛋白酶加到提取的细胞核物质中，然后发现这些蛋白酶对细胞核
物质束手无策，这说明细胞核里的主要成分不是蛋白质（图 1.4）！
由于这种物质是在细胞核中发现的，所以当时他把它命名为"核素"
（nuclein）。

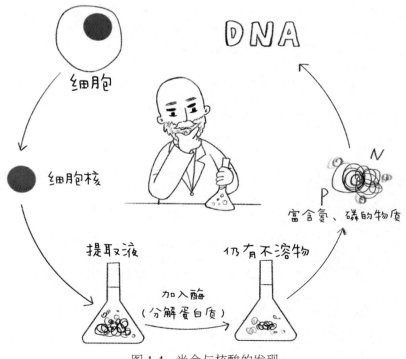

图 1.4　米舍与核酸的发现

上面的过程说来简单，但核素的提取过程并不简单。作为一种胶体物质，核素不能通过滤膜，而且其性质很不稳定，需要保持在低温下提取，操作速度要快，最后的制备物还需要保存在纯酒精中。因此，为了提取核素，米舍每天天不亮就起床，在低温房间里工作。对米舍的异常科研举动，同事们难以理解，他们认为米舍研究的仅仅是被污染的蛋白质而已，当时谁也没想到他的那份发现对科学的重大意义。

1872 年到 1873 年，米舍又成功地从鲑鱼、蛙、公鸡的精子细胞核中提取出了核素。米舍发现核素之后的 20 年（1889 年），他的学生里夏德·阿尔特曼（Richard Altmann）在多种组织细胞中也同样发现了核素的存在，并且发现其 pH 呈酸性，因此将"核素"定名为"核酸"。那个时候的米舍还只是从化学角度去发现和认识核酸，并没有进一步琢磨核酸的生物学功能。其实，在米舍做出重大发现的前一年，达尔文提出了遗传是如何实现的"泛生论"。再往前推 3 年，现代遗传学之父孟德尔于 1865 年发表了划时代的关于豌豆遗传规律的论文。只不过那个时候的孟德尔还只是个名不见经传的修道士，他的发现几乎无人问津，也就没人能将修道院里的豌豆试验和生物化学"缔造者"实验室里的核酸发现联系起来。

米舍虽然发现了核酸，但当时对核酸的描述太过粗糙，只是说来自细胞"核"，发现有"酸"性。直至多年后，米舍的"师弟"科塞尔才把核酸的具体成分到底是什么给研究清楚。科塞尔从小沉默寡言，喜欢冷静地观察与研究周围的事物，特别是观察植物的生长。他平日在自家的小花园里种植各种花卉，观察它们的春华秋实、四季变化。他没能像达尔文和他的表弟那样环游世界，没能去思考物种起源或人类优生那样的大问题，但是他对自己周围小小世界的好奇，也培养了他探索微观世界的能力。科塞尔发现，核酸分解后的产物中有含氮的化合物——嘌呤和嘧啶，继而分析出两种不同的嘌呤（腺嘌呤、鸟嘌呤）和三种不同的嘧啶（胸腺嘧啶、胞嘧啶、尿嘧啶）。他因此获得了 1910 年诺贝尔生理学或医学奖。这个诺贝尔奖颁给他一个人，可见他的贡献之大。不过在诺贝尔委员会给出的获奖原因上，先写的是他对蛋白质的研究，然后在逗号后面才写了"包括核酸物质"（in recognition of the contributions to our knowledge of cell chemistry made through his work on proteins, including the nucleic substances），由此可见当时人们对蛋白质和核酸两者的认识孰轻孰重。

细胞和细胞核的发现

　　核酸是在细胞核里发现的，因此得名。细胞是除病毒外所有生命的基本组成形式。虽然我们人类觉得自己不同于其他动物，但显微镜下显示我们的细胞跟其他动物的细胞非常相似。每个细胞基本上都是个软球，有牢固的膜保护，有的细胞（如细菌、植物等）的膜外还有细胞壁。如果细胞壁（膜）被破坏，细胞就会死亡。

　　第一次观察到细胞的是英国的罗伯特·胡克（Robert Hooke），他比前面提到的达尔文的好友约瑟夫·胡克早出生近200年。罗伯特·胡克曾被誉为英国的"双手和双眼"，他在力学、光学、天文学等多方面都有着重大成就。1665年，胡克根据英国皇家学会的资料设计了一款复杂的复合显微镜，放大倍数超过了100倍。出于好奇抑或是为了验证他的发明是否成功，胡克从树皮上切了一块薄薄的木片放在自己发明的显微镜下观察。意想不到的是，他看到了一种类似蜂巢的极小的隔间样物质，这种物质的形状与当时教士们所住的单人房间十分相似，这是人类历史上第一次看到细胞的样子！

　　既然显微镜下这些结构的形状像单人房间（英文cell），胡克便用cell来称呼这种物质，后来cell一词逐渐被生物学家们用来形容生物体的基本单元结构。不同于细胞的英文名字历史来源的明确，汉语"细胞"一词的来源存在很大争议。细胞一词最早出现在日本兰学家宇田川榕庵1834年的著作《植学启原》中，是当时的植物学和解剖学术语。而细胞第一次出现在中国是在1859年亚历山大·威廉森（Alexander Williamson）和晚清著名学者李善兰合译的《植物学》中。有人认为，李善兰是受了日版植物学类图书的影响而将cell翻译成细胞，并非他的原创。不过，现在主流学说认为，李善兰在翻译中文版的《植物学》时并未接触过日版的类似图书，他最初本想把cell翻译为小胞，但在他家乡的方言中，细也有小的意思，因此便将 cell 译成了细胞。

　　发现了细胞，然后发现里面最大、最核心的细胞核，应该就是顺理成章的事了。就好像我们在野外发现了某种野果，自然会好奇地打开它，自然也就看到了里面硬硬的、颜色不一样的核。不过，细胞毕竟比野果小太多了，不是可以拿在手里轻易掰开或在嘴里轻轻咬开就能看到细胞核的。所以，在细胞发现之后的 100 多年，细胞核才被发现。1831 年，苏格兰植物学家罗伯特·布朗（Robert Brown）在伦敦林奈学会的演讲中，对细胞核做了详细的叙述。布朗讲述自己在用显微镜观察兰花时，发现了花朵外层细胞有一些不透光的区域，认为那是细胞核，并称之为 nucleus。根据细胞核的有无，生物界有"真核细胞"和"原核细胞"之分（图 1.5）。

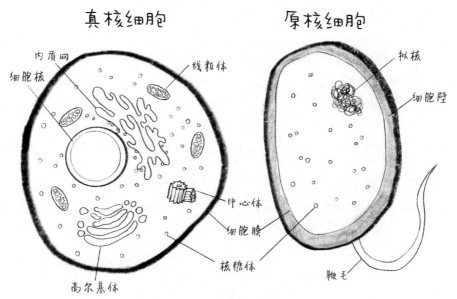

图 1.5　真核细胞与原核细胞

蛋白质的发现

根据中心法则，虽然是先有核酸再有蛋白质，但是核酸是隐藏起来的密码，而蛋白质却肉眼可见，所以蛋白质的发现也就早多了。核酸是在 19 世纪发现的，蛋白质的发现则是在 18 世纪。起初人们发现在蛋清、血液、面粉等物质里有一类独特的生物分子，这些分子经过酸处理后凝结成絮状，这些絮状物就是后来人们熟悉的蛋白质。"蛋白质"可以浅显地理解为"蛋"中"白"色部分含有的那种物"质"。蛋白质的英文 protein 源于希腊语源的 proteios，对应的英文 primary 是首个或首要的意思，比如小学是 primary school。以前食物短缺的时候，强调补充蛋白质这种"首要"营养素的重要性，而现在生活水平提高，大多数人的蛋白质摄入已满足了身体的需求，但某些人过量的高嘌呤含量的蛋白质类食物的摄入很容易引起痛风。其实，蛋白质最开始的中文名称是一个比较生僻的词—— 朊，现在朊字不再用来代表蛋白质，而朊病毒（prion）却被用来指代一种致死率几乎是 100%的蛋白质病毒，疯牛病正是牛感染了该病毒所致的疾病。再值得一提的就是，朊病毒其实不是严格意义上的病毒，它只有蛋白质，没有核酸。

1838 年，荷兰化学家赫哈德斯·米尔德（Gerhardus Mulder）发表了《关于某些动物物质的组成》（**On the composition of some** animal substances）一文。虽然该文章的题目没有写"蛋白质"，写的是"某些动物物质"，但在正文里面，米尔德采纳了他的合作者约恩斯·贝尔塞柳斯（Jöns Berzelius）（也译作贝采里乌斯）建议的"蛋白质（protein）"这个名称。贝尔塞柳斯是第一位采用现代元素符号并公布了当时已知元素的原子量表的化学家，他可以算得上是整个现代化学命名体系的建立者。

《基因的名义》一书的 "观察基因"中讲到了美国化学家莱纳斯·鲍林（Linus Pauling），他是全球范围内仅有的五位获得两次诺贝尔奖的科学家之一，更是历史上唯一的两次单独获得诺贝尔奖的科学家。有科学史学者认为，鲍林如果不是因为错过了在英国剑桥举行的一次重要学术会议而没能看到那幅传奇的"照片 51 号"，或许发现 DNA 双螺旋结构的人就是他，他也将成为历史上第一位三次获得诺贝尔奖的人。图 1.6 是鲍林描绘出的蛋白质 α 螺旋 (alpha-helix) 和 β 折叠 (beta-sheet) 结构和他遗憾错过的 DNA 双螺旋 (double-helix) 结构。近两年异军突起的基于人工智能预测蛋白质结构的一个主流软件的名字是 AlphaFold [软件名可译为阿尔法折叠，这里的 Alpha 应该不是指蛋白质二级结构中的 α 螺旋，开发这款蛋白质结构预测软件的公司前几年开发的下围棋机器人叫 AlphaGo(阿尔法狗)]。2021 年 7 月，施一公教授在接受访谈的时候指出："人类蛋白质组里能够被预测的以单个蛋白为单位的空间三维结构，已经基本都被 AlphaFold 预测了。""这也是 21 世纪截至目前人类在科学技术领域上的最大突破之一，也应该是人类有史以来在科学和技术领域最重要的突破之一。"

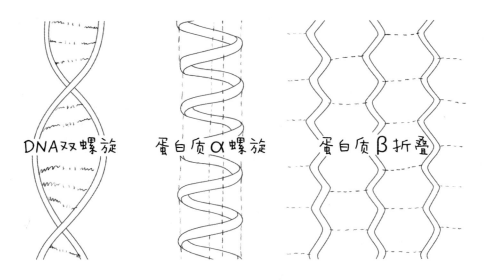

图 1.6　DNA 双螺旋与蛋白质的二级结构

染色体的发现

核酸和染色体二者关系十分密切，不过，它们却是不同的科研团队各自独立的发现，并且在刚发现时，人们根本没有意识到它俩基本是"你中有我"的关系。染色体（chromosome）是细胞在有丝分裂或减数分裂过程中，由染色质 (chromatin) 聚缩而成的棒状结构。染色质是指细胞没有分裂的时候，细胞核内由大量 DNA 和少量 RNA 以及组蛋白和非组蛋白组成的复合结构（图 1.7）。染色体和染色质的化学组成没有差异，只是形态不同。没有"体"的时候只能称为"质"。

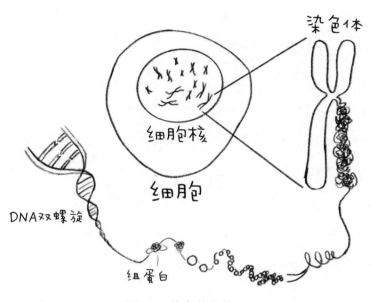

图 1.7   染色体与核酸

1869 年米勒发现了核酸，大约 10 年后，同样来自德国的瓦尔特·弗勒明（ Walther Flemming ）在工作的时候不小心将一种人工合成的染料洒在了细胞样本上，因此意外地发现了染色质。值得一提的是，这个"不小心"的弗勒明，并不是那位也同样"不小心"污染了实验室培养金黄色葡萄球菌的培养皿，于 1928 发现青霉素，并于 1945 年获得诺贝尔生理学或医学奖的苏格兰医生亚历山大·弗莱明（Alexander Fleming ）。这位来自德国的弗勒明拿着被"污染"的细胞样本在显微镜下观察，看看样本是否还可以使用时，他看到了一个神奇的画面。细胞核中的丝状和粒状的物质竟然被这种染料染色了，而且只有这种物质被染色！弗勒明将这丝状和粒状的两种物质命名为染色质。这些物质平时散漫分布在细胞核中，当细胞分裂时，散漫的染色质便浓缩形成一定数目和一定形状的条状物，到分裂完成时，条状物又恢复为散漫状。

1902 年，美国医生沃尔瑟·萨顿（Walter Sutton）与德国生物学家特奥多尔·博韦里（Theodor Boveri）各自独立发现，在细胞减数分裂时染色体与基因具有明显的平行关系，并据此推测基因位于染色体上。他们因此推测染色体是遗传物质的载体，这一理论被称为染色体遗传理论（the chromosome theory of inheritance），又称为"萨顿－博韦里理论"。博韦里生前作为细胞学家一直活跃在学术领域，在发表染色体理论的时候就是学术圈的名人。据说他不仅爱吃海胆，还从海胆中获得了很多细胞分裂的研究成果。也是在 1902 年，他首次提出了一个在当时看来是惊世骇俗的观点：癌症和良性肿瘤从根本上来说就是自身细胞分裂中染色体异常造成的！相比于博韦里，那个时候的萨顿只是刚毕业的一个研究生。据说萨顿在生物学领域发表的论文一共只有三篇，但他的代表作却产生了极其重要的影响。

前面提到米舍通过实验验证原始汤理论。通过实验证明染色体遗传理论的是"遗传学之父"——美国生物学家托马斯·亨特·摩尔根（Thomas Hunt Morgan）。摩尔根是一个勇于挑战权威的人，他曾于 1916 年撰写了《对进化论的批判》（*A Critique of the Theory of Evolution*）一书。刚开始他对孟德尔的遗传定律也持怀疑态度，所以才会动手做更深入的实验。他在哥伦比亚大学建起了果蝇实验室，经过长期实验后提出了"基因的连锁和交换定律"。该定律和孟德尔提出的两大定律（基因分离定律、基因自由组合定律）并驾齐驱，成为遗传学三大基本定律。摩尔根也因发现染色体在遗传中的作用而获得 1933 年诺贝尔生理学或医学奖。摩尔根并不是第一个让孟德尔定律重见天日的人，也不是染色体学说的提出者，他甚至在最开始的时候是反对这些理论的，但最后他的实验说服了他自己，也惊艳了世界。

值得一提的是，首次发现人的体细胞染色体数目为 46 条的是美籍华裔遗传学家蒋有兴（Joe Hin Tjio），时间是 1956 年。这46 条染色体呈 23 对，分别来自父母双方，第 23 对染色体决定性别，被称为性染色体，XX 为女性，XY 为男性，其他 22 对染色体被称为常染色体。

核酸遗传功能的发现

米舍的伟大之处在于他不仅发现了核酸是一种化学物质，还对其进行了一定的数学分析。他发现生殖细胞富含核酸，核酸在各种细胞中广泛存在，细胞分裂前核酸含量会显著增加。按理来说，顺着这个思路琢磨下去，核酸跟遗传生殖的内在联系的秘密就有可能被他揭开了。可惜的是，米舍经过一番研究后认为不同生物的核酸性质过于接近，无法解释生物遗传的多样性，遗传信息更可能储存在蛋白质中。前面提到，米舍的"师弟"——科塞尔证明了核酸是由四种不同的碱基构成的。但同样遗憾的是，科塞尔也认为核酸的结构过于简单，也不可能有承载遗传信息的重要功能。尤其在蛋白质的结构被阐明之后，科学家们更加认为很可能是蛋白质在遗传中起主要作用。

1928 年，当摩尔根成功完成果蝇实验从哥伦比亚大学搬去加州理工大学的时候，大西洋彼岸的英国细菌学家弗雷德里克·格里菲思（Frederick Griffith）通过小白鼠实验发现了一个有趣的现象：将非致病型的肺炎双球菌和高温灭活的致病型肺炎双球菌混合，形成了致病型菌株。高温将致病型菌株的蛋白质灭活了，但显然里面的某种非蛋白质物质"存活"了下来，并且里面含有致病型菌株的遗传物质。格里菲思没能研究出这个遗传物质是什么，直到 1944 年美国细菌学家奥斯瓦尔德·埃弗里（Oswald Avery）通过实验发现，核酸是格里菲思实验中将非致病型菌株（R 型）转化为致病型菌株（S 型）的关键成分，因此证明核酸是遗传物质（图 1.8）。

1944 年，埃弗里发表了里程碑论文《关于可诱导肺炎球菌类型转化的物质的化学性质的研究：Ⅲ型肺炎球菌中分离的脱氧核糖核酸部分的转化诱导》（Studies on the chemical nature of the substance inducing transformation of pneumococcal types: Induction of transformation by a desoxyribonucleic acid fraction

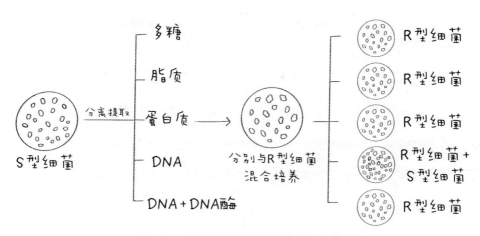

图 1.8 埃弗里证明核酸的遗传功能

isolated from pneumococcus type Ⅲ）。埃弗里做的这个实验被认

为是 20 世纪最重要的生物学实验之一，改变了现代生物学。然而，

他直到 1955 年去世也没有获得诺贝尔奖，这也是被公认的诺贝尔

奖最著名的过失之一。2003 年，《纽约时报》新闻频道发表短评《没

有诺贝尔抱怨奖》（No Nobel Prize for Whining），里面写道：

最明显的遗漏是奥斯瓦尔德·埃弗里，他是第一个确定基因不是

由蛋白质而是由 DNA 构成的人（the most conspicuous omission

was Oswald Avery, the first to establish that genes are made not

of protein but of DNA）。

前面讲到的核酸的发现和与之相关的"四大发现"（细胞和

细胞核的发现、蛋白质的发现、染色体的发现、核酸遗传功能的

发现），都是 20 世纪 50 年代之前发生的事，那个时候的设备总

的来说还比较"粗糙"，没有真正进入分子水平。而 DNA 双螺旋结构的发现，则开启了分子生物学时代。在《基因的名义》一书中，"观察基因，从剑桥大学发现的双螺旋结构说起"提到了 DNA 双螺旋结构，但是还没有真正深入剖析核酸的结构。接下来，笔者借助比较形象的比喻，来细说和"戏说"核酸的细微结构，让读者不再觉得分子生物学内容高不可攀。

核酸如"珍珠"

虽然病毒的核心是核酸，但是核酸本身并不像病毒那么丑陋和可怕，我们甚至可以用美丽的"珍珠项链"来形容核酸。组成这条核酸"项链"的"珍珠"叫作核苷酸。这里面的"苷"是指"核糖"（ribose），还确实是有点甜的感觉。每一粒"珍珠"（即核苷酸）中的"糖"，都由"酸"和"碱"内外包裹。外层是磷"酸"基团，内侧是"碱"基，三者形成了"又甜、又酸、又碱"的"珍珠"。DNA 大家平时听得多了，就好像 MBA 和 NBA 那样变得大众化。而这个字母 D 到底代表什么，估计很多非专业人士并不知道。如图 1.9 所示，核苷酸的"核苷"是由"核糖"和"碱基"组成的。我们可以根据其中的核糖是否脱氧，将核酸分为脱氧核糖核酸（deoxyribonucleic acid，DNA）和核糖核酸（ribonucleic acid，RNA）。所以，DNA 字母中的 D 是指脱氧（deoxy-），而组成 RNA 的是没有脱氧的核糖。如果要较真的话，DNA 应该缩写为 DRNA 或许更加恰当。

RNA，一般很少有大众媒体会提到，至少在新冠肺炎疫情暴

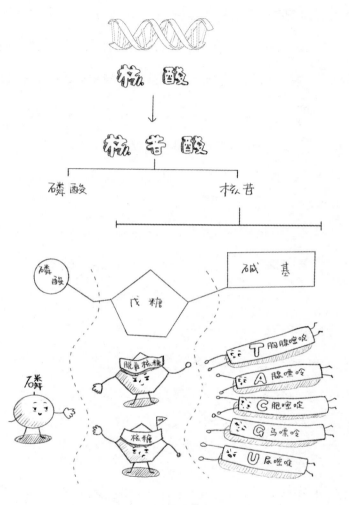

图 1.9　核酸的组件

发之前是那样。其实，对绝大多数生物来说，DNA 端坐"幕后"，它需要一种 RNA 才能发挥其"生命密码"的作用。通俗一点来说，如果 DNA 是指挥人体蛋白质合成的"幕后大帅"，那么 RNA 就是"二号首长"。RNA 的种类很多，其中将 DNA 的序列所包含的生命密码从细胞核传递到细胞质（cytoplasm）的 RNA，被形象地称为信使 RNA（messenger RNA，mRNA）。如果说 mRNA 以前只出现在生物学课本里面，那么现在 MRNA 却是美国纳斯达克股票市场上的一家上市公司的代码，这家公司就是开发出新冠核酸疫苗的莫德纳（Moderna）公司。

碱基如"侠客"

核苷酸中的碱基分为嘌呤和嘧啶两大类。嘌呤和嘧啶这两个词是从英文单词 purine 和 pyrimidine 音译而来。可惜科学家不像武侠小说家那样，否则，这两个词或许就被翻译成"飘零"大侠和他 18 年前与仇家签下的某个"密定"了。科学家在命名物质的时候，有些时候会比较任性和随意。早期是在哪里发现的物质，就以相应的位置来命名。比如，前列腺素最早发现于前列腺，但前列腺素的分布范围和发挥生理功能的地方远超过了前列腺。核酸也是一样，因最早发现于细胞核内而得名。但是，病毒没有细胞核，却一样有核酸。同样，腺嘌呤（adenine），因最早从牛的胰腺（adeno-）中发现而得名；胸腺嘧啶（thymine）是因为在胸腺细胞中提取得到的；胞嘧啶（cytosine）中的 cyto 表示细胞，寓意胞嘧啶在动植物细胞中广泛存在；鸟嘌呤（guanine）最早是从海鸟粪（guano）中提取出来的；至于最后一种仅存于RNA 中的尿嘧啶（uracil），因分子结构中含有尿素（urea）的结构而得名，并且尿嘧啶可由尿素和苹果酸合成。如图 1.10 所示，嘌呤看起来就像两扇打开的门，大门一旦敞开，宅子里面的人也就容易出去"飘零"了。而嘧啶看起来像一扇紧闭的门，比较适合宅子里面的人"密定"谋划。类似这样的比喻，在早年的英语培训中经常用到。其实，我想大家对"嘌呤"一词应该还是不陌生的，含嘌呤的食物容易导致痛风。嘌呤的代谢产物是尿酸，溶解度小的尿酸多了就会沉积在关节，容易形成结晶，造成关节疼痛。DNA 的双链结构导致嘌呤和嘧啶总是按照 1:1 的比例出现，所以高嘌呤食物必然也是嘧啶含量高。但是嘧啶的代谢产物是二氧化碳（CO_2）、氨（NH_3）和 β - 氨基酸，并不会产生尿酸，对健康也就没有什么明显的危害。

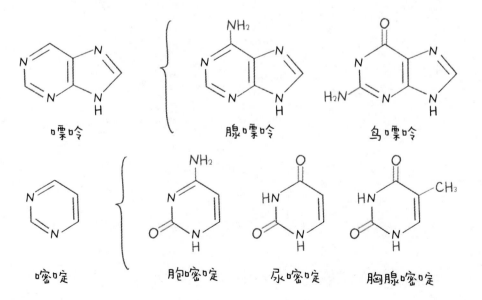

图 1.10 核酸的化学组成

脱氧如"枪击"

与 RNA 相比，DNA 的名称中多了"脱氧"二字。脱氧是指五碳糖少了一个羟基（—OH），被 —H 所代替，因此少了一个氧原子。如图 1.11 所示，脱氧和不脱氧的区别，就在于五碳糖，核糖核苷酸的五碳糖骨架多了一个氧原子。虽然只是多了一个氧原子，但由此形成的羟基所带来的空间位阻效应，使 RNA 很难形成双链，所以 RNA 链只能采取不稳定的 A 型构象。而脱氧核苷酸一般容易形成双螺旋，所以，DNA 能以更稳定的 B 型构象存在。

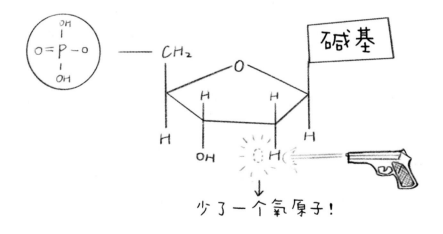

图 1.11　核糖的脱氧与不脱氧

为了便于理解，我们可以把"羟"想象成"枪"。只有被缴了枪支，失去抵抗，才容易被整合。一般来说，脱氧核苷酸，本来是个"残缺"，需要找个同样丢了"氧"的核苷酸，"手拉手"组成搭档才能弥

补自身的"不足"，"成双入对"的脱氧核苷酸也因此形成了一
道美丽的"双螺旋"风景线。DNA双螺旋结构，通过碱基之间的
配对而咬合缠绕在一起，非常稳固。而没有被"枪击"的核苷酸，
是无拘无束的"单身汉"，由它们组成的RNA是单链结构，性质
很不稳定。因此，以RNA为遗传物质的病毒，在传播过程中更容
易发生变异。

检测核酸，起底 PCR 和它的"浪子"发明者

《基因的名义》中提到"检测基因"，是从剑桥大学发明的桑格测序法说起的。而核酸检测，现在大家应该也不陌生了。笔者 2021 年寒假去美国的时候，按照要求需要提供一份核酸检测阴性证明。毕竟机场和海关工作人员一般对生物知识比较陌生，只是按照规定执行，要求核酸检测证明上必须有 PCR 这三个字母。读者可不要把这个 PCR 误以为是 PRC（"中华人民共和国"的英文缩写）。PCR 的全称是"聚合酶链式反应"。把这七个字分开来看，最陌生的可能就是"酶"字。酶字是形声字，左边部首"酉"为象形文字，形似酒坛，跟发酵的"酵"字偏旁一样。通俗地说，酶就像酒曲，能把一锅煮熟的高粱催化成白酒。事实上，酶的英文单词 enzyme 最开始来自希腊语，跟酵母菌相关。再通俗一点，生物学里面的酶跟做燃料的"煤"也有异曲同工之处，一旦"点"着了，就能利用自己的巨大能量，发挥催化作用。聚合酶，表示这个酶的作用主要是"聚合"，把零碎的核苷酸原材料聚合成长链。链式反应，是指事件结果包含着事件发生条件的反应。进行 PCR

时，在温度很高的时候，DNA 双链形成单链，随着温度的降低，单链慢慢"聚合"重新形成双链。每一次升温和降温，称为一次"循环"（cycle）。不停的循环往复，就是链式反应。链式反应的威力在于呈指数级增长，1 生 2，2 生 4，这样 30 次之后，就可以达到 10 亿了。那么检测新冠病毒时做的 PCR 到底需要多少次循环呢？这是由病毒浓度决定的。PCR 反应需要不断地升温、降温，而这是需要仪器来完成的，因此，它不像早早孕检测那样自己在家里用试纸就能操作，至少目前的技术还做不到。

核酸是生命的密码，在体外含量很少，PCR 的作用就是将极少量的核酸片段进行指数级扩增。核酸分为双链 DNA 和单链 RNA，核酸扩增需要的是双链 DNA，因此，要想扩增单链 RNA，需要首先将其转化为 DNA。

神奇的 PCR 技术背后有一名传奇的发明者，他就是 1944 年出生于美国北卡罗来纳州的凯利·穆利斯（Kary Mullis）。穆利斯在 28 岁（1972 年） 的时候获得美国名校加州大学伯克利分校有机合成学博士学位。那时的名校博士还是非常稀缺的，他去某世界名校应聘一个科研岗位或教学岗位应该不难。但穆利斯竟然离开了科学领域去写小说。遗憾的是，穆利斯的小说并没有激起什么水花。不久以后他再次转行，开了一家面包店。加州大学伯克利分校的博士开面包店，足以引发类似"北大才子街头卖猪肉"的社会舆论了。跟北大才子"将错就错"把卖猪肉生意做大不同，穆利斯及时"悬崖勒马"，入职赛图斯（Cetus）公司，成为一名核酸化学家，也就是在那里，他做出了改变世界的发明。赛图斯公司在 1991 年跟另外一家公司合并，成为现在的诺华（Novartis）制药公司的一部分。

穆利斯在工作中遇到的很多样本只有微量 DNA，因此他难免会去琢磨又方便又能快速扩增 DNA 的办法。据穆利斯的自传介绍，1983 年的一天，他载着女友开车的时候，忽然灵光一现，想到了 PCR 的关键一步：先固定所需的 DNA 序列，然后用 DNA 聚合酶来合成它（图 1.12）！我们无法推测伟大的科学灵感是如何迸发出来的，或许正是因为跟女友在一起，穆利斯才想到了上火、退火、分离、聚合、复制等复杂的化学反应。

在刚刚研究出 PCR 技术之后，穆利斯就预感自己会获奖，不过喜讯直到 1993 年他年近 50 岁的时候才传来。接到诺贝尔委员会的获奖电话后，穆利斯做的第一件事是去太平洋海岸冲浪，或许只有冲浪运动才能真正让人感受到"浪子回头"和"灯火阑珊"的美妙。我们或许很难将一位诺贝尔奖获得者跟赤裸上半身的冲浪大叔联想到一起（图 1.13）。可惜的是，穆利斯于 2019 年因肺炎去世，没能看到他发明的技术在新冠肺炎疫情防控中被如此广泛地使用。

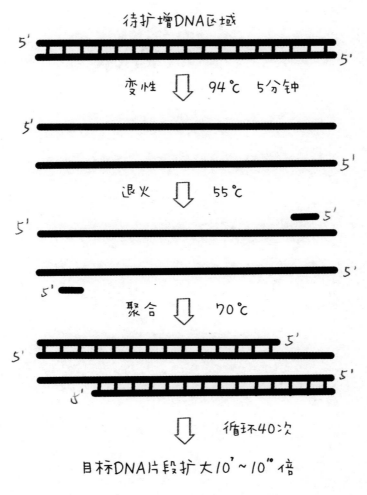

图 1.12　PCR 原理

　　穆利斯曾说，他发明 PCR，并不是真的创造了什么新的东西，只是把那些已经存在的东西正确地组合运用起来了。而这个"已经存在的东西"的关键就是 PCR 的"P"——DNA 聚合酶。前面提到，PCR 的原理是用高温将 DNA 双链分开，再用 DNA 聚合酶

图 1.13　PCR 技术发明人穆利斯

引导 DNA 复制，形成新链。可是高温是一把双刃剑，它既可以裂开 DNA，又能够破坏 DNA 聚合酶。早期 PCR 使用大肠杆菌的 DNA 聚合酶，这种酶在 PCR 最开始的高温解链环节就会失活，导致加入的 DNA 聚合酶只能用一次循环，而后面的几十次循环中的每一次循环都需要手动加入酶。改良后的 PCR 利用非常耐热的 DNA 聚合酶避免了这个问题，而这种耐热的 DNA 聚合酶其实在穆利斯发明 PCR 之前就已经被美国印第安纳大学的细菌学教授托马斯·布罗克（Thomas Brock）发现了。

据说，1964 年，38 岁的布罗克到美国黄石国家公园游览，在黄石公园的地标景点"彩色热泉"，他看到的不仅是热泉的彩色，而且还一下子就想到这样的色彩多半是由带色素的微生物造成的。随后，这位科学家分离出一种粉橙色的细菌，并把它命名为水生嗜热菌（*Thermus aquaticus*，*Taq*）。

1970 年，布罗克在《细菌学》杂志上发表了对水生嗜热菌的研究成果，报道了从该菌中获得的醛缩酶竟然在 95 ℃ 时活性最高。该发现逐渐引起了科学界的兴趣，随后，DNA 连接酶、转录酶、氧化酶等生物体内比较重要的酶也从水生嗜热菌里被提取了出来。在其他酶都会支离破碎的高温条件下，这些酶大放异彩。*Taq* DNA 聚合酶的耐热性、反应活性和准确性完全符合当时的科学家对 PCR 中 DNA 聚合酶的所有期待，它简直就像是为 PCR 而生的，因此成为《科学》杂志创刊以来第一个"年度分子"（Molecule of the Year）。

关于 PCR，笔者澄清一下以下三个容易混淆的概念：

第一，DNA 扩增之"天然"与"人为"。PCR 其实模拟的是生物体内的一个自然过程。生物体内 DNA 的自然复制过程的第一步是 DNA 解旋酶像解开拉链那样破坏双链碱基对之间的氢键，将双链分离成为"Y"形的称为复制叉的结构。然后，像引

导员那样的 "引物" 结合到这个打开的 "Y" 形复制叉上面，复制得以启动。接下来，具体的复制是通过 DNA 聚合酶来实现的。这个自然的过程温和而平静。PCR 借用了这个思路，不过是给自然的过程加了一把火，让各种反应发生得更快。PCR 采用高温直接替代 DNA 解旋酶去打开 DNA 的双链，但是高温的一个弊端是让生物体内自然形成的 DNA 聚合酶也跟 DNA 解旋酶一起靠边站，发挥不了作用。所以，PCR 就需要用到耐热的聚合酶。

第二，PCR 检测之"定性"与"定量"。当年穆利斯发明 PCR，是用来扩增 DNA 的，还不涉及检测。为了检测某个 DNA 片段是否存在，让 PCR 只扩增特定的片段就可以了。如果特定的 DNA 片段确实存在，等 PCR 完成之后，就能看到信号。相反，如果特定的 DNA 片段不存在，PCR 之后还是什么都没有。0 乘以 100 万还是 0。这就是 PCR 的定性检测。在 PCR 技术获得诺贝尔奖的 1993 年，有人想出了在 PCR 反应中添加荧光标记物来进行定量测定。其中一种方法是添加一段称为"探针"的特异性寡核苷酸序列，这种探针的两端分别标记了荧光报告基团和荧光淬灭基团。当探针完整时，报告基团发出的荧光信号被淬灭基团吸收。若反应体系中存在靶序列，在进行 PCR 时，探针与模板结合，DNA 聚合酶沿模板移动过程中，利用其外切酶活性将探针酶切降解，使得报告基团与淬灭基团分离，发出的荧光信号不再被吸收，因此，每扩增一条 DNA 链，就产生一个荧光分子。荧光定量 PCR 仪通过监测荧光信号强度得到循环阈值（Ct值），Ct 值与病毒核酸浓度有关，病毒核酸浓度越高，达到荧光阈值所需的循环数越小，Ct 值越小。1996 年，美国 Applied Biosystems 公司首先推出荧光定量 PCR，在 PCR 反应试剂中加入荧光基团，通过监测荧光出现的先后顺序以及荧光强度的变化，就可以计算出样本中核酸的初始量，该技术的发明实现了 PCR 从定性到定量的飞跃。这个定量需要用到实时（real-time）的数据，也就是说要实时记录 PCR 过程中每个循环的数据，这样才能对样本里面最开始的核酸数量进行精确分析，这种定量分析简称为 qPCR（quantitative PCR）。

　　第三，PCR 底物之 DNA 与 RNA。前面提到 PCR 模拟的是天然的 DNA 复制过程，所以最开始 PCR 技术是用来扩增和检测 DNA 的。如果要检测 RNA，那就需要先"反转录"（reverse transcription），这个技术的缩写就变成了 RT-PCR。虽然 real-time PCR（实时定量 PCR）和 reverse transcription PCR（反转录 PCR）都可以缩写为 RT-PCR，但是，国际上约定俗成的是 RT-PCR 特指反转录 PCR，而 real-time 这个词一般和定量的缩写字母（q）可以互换使用。这样一来，就形成了 real-time RT-PCR、qRT-PCR 或 RT-qPCR 这些看起来非常复杂的表达方式。但是，没有 real time qRT-PCR 这种表达方式，因为 q 和 real time 含义相同。

核酸提取和检测方法

核酸分为 DNA 和 RNA。以 DNA 为例，核酸提取的第一步是裂解，就是把样本放在一种特定溶液中，使细胞结构发生破坏（就好比把城门打开），减少细胞内能使 DNA 分解的物质，同时破坏可与 DNA 结合的物质，这样 DNA 就可以游离在特殊溶液中（跑出城外）。裂解得到的 DNA 表面还存在一些杂质，因此为了得到"干净"的 DNA，还要进行第二个步骤——纯化。纯化就是使 DNA 与特殊溶液中的其他成分，如蛋白质、盐及其他杂质彻底分离的过程，简单来讲就是给 DNA "洗澡"。

在 PCR 成功运行得到足够的核酸后，我们就可以通过荧光光度计或紫外检测仪来对核酸进行定性或定量分析。目前，荧光定量 PCR 是检测是否感染新冠病毒的最常见的方法。具体操作可分为以下几步：（1）提取病毒 RNA。这一步和 DNA 裂解很相似，都是先把样本放在特殊的溶液中，破坏细胞膜和细胞结构，从而使 RNA "无束缚" 地游离出来。（2）把 RNA 变成互补 DNA（complementary DNA，cDNA）。RNA 是单链结构，性质很不稳定，在提取过程中稍不小心就会被破坏，从而前功尽弃。再加上目前主要的测序方法都是针对 DNA 的，所以为了成功分析 RNA，就需要通过反转录使 RNA 转变成稳定的 DNA。（3）扩增 cDNA 的数量。虽然我们常说 PCR 检测，其实 PCR 只是起到扩增的作用，并且扩增的不是病毒 RNA 本身，而是跟 RNA 互补的 cDNA。（4）最后一步才是荧光定量。对于新冠病毒的检测来说，国家卫生健康委推荐对新冠病毒的两个特异区域——开放读码框（open reading frame）（*ORF*基因）区域和核壳蛋白（nucleoprotein）基因（*N*基因）区域进行 PCR 扩增后检测。笔者于 2022 年 1 月在上海做了一次核酸检测，检测内容上注明"*N*基因和 *ORF1ab* 基因"。

虽然核酸检测是"金标准"，但如果病毒复制数量达不到 PCR 检测阈值，自然也就"测"不出来了，这样会导致相当高比例的假阴性结果。另外，核酸检测只能测样本里是否含有病毒的核酸片段，并不能区分这个片段是来自具有感染力的"活"病毒还是来自不具有感染力的"死"病毒。比如，患者痊愈后呼吸道细胞仍旧会在一段时间内逐渐清除体内的"死"病毒，所以这时检测出来的"复阳"结果并不一定表示病毒"复活"。

PCR 破译古老的猛犸象化石

DNA 无处不在，现在从生物体内提取 DNA 已经是一件非常轻松的事情。正因为核酸提取技术的进步，才使得人类有机会更好地破解那些悠久历史样本中的科学秘密。目前人类获得的世界上最古老的 DNA 样本，是 20 世纪 70 年代在西伯利亚永冻土中发现的猛犸象（mammoth）牙齿标本。从英文单词来看，猛犸象有点像木乃伊（mummy），这一点或许可以帮助我们记住猛犸象的古老。与现代象生活在气候温暖的地区不同，这种猛犸象主要生活在欧亚大陆北部等气候寒冷的地区，目前地球上超过 80% 的猛犸象样本均来自西伯利亚东部的永冻土地带。猛犸象是那个时候的"王者"，几乎没有什么天敌，种群规模应该很大，为什么现在的化石那么少呢？首先，根据达茅斯定律（Damuth's Law），随着一个物种体重的增加，其平均种群密度会以一种可预测的方式下降，例如，在一个给定区域内，大象的数量比老鼠少。所以，正所谓"一山不容二虎"，作为"王者"，它们的总量不会太多。而恐龙化石比猛犸象化石要多得多，除了恐龙的种类多之外，还因为恐龙在地球上生存的时间比猛犸象长得多、古老得多。

猛犸象大约在 500 万年前出现在地球上，后经历不断演化，分化出了多种猛犸象种系，直到大约 4000 年前由于气候变暖和人类的捕杀才灭绝。研究人员从地质学角度对这些牙齿标本进行了年代测定，估算出它们当中最古老的 DNA 已经有 160 万年的历史。研究人员从这些猛犸象的牙齿中获得了世界上最古老的 DNA 样本，虽然这些 DNA 样本已经被分解为非常小的碎片，但研究人员通过使用猛犸象的现代亲戚——非洲象的基因组作为算法模型，仍能够对猛犸象进行核酸分析，并根据遗传信息估算其年龄。在这些晚期猛犸象 DNA 样本中，科学家发现了一些重要的基因缺陷，其中包括跟生育、神经发育、胰岛素信号和嗅觉有关的基因缺陷。2021 年 2 月，《自然》杂志发表《百万年前的 DNA 揭示了猛犸象的基因组历史》（Million-year-old DNA sheds light on the genomic history of mammoths）一文，向今天的我们呈现了猛犸象在地球上灭绝前的景象和故事。

2021 年 8 月，《科学》杂志也发表了一篇关于猛犸象的有趣文章《北极猛犸象的终生流动性》（Lifetime mobility of an Arctic woolly mammoth）。这次，研究人员不是研究基因，而是通过保存在象牙中的化学标签追踪了一头猛犸象的生前活动轨迹。研究得出惊人的结论：这头猛犸象在现今阿拉斯加范围内行走的总里程几乎相当于绕了地球两圈！象牙不仅仅是装饰品，它里面还藏有活动"日记"？这个研究一听起来就很有趣吧。这篇文章的作者们依据的是天然存在于地球上每个角落的独特"化学画像"——每个地方的基岩和水体中各种同位素的比例独特而稳定，甚至在数千年中保持一致，并被吸纳到当地的土壤和植物中。当猛犸象在北极平原上吃草时，这些同位素特征被整合到它们不断生长的象牙中，记录下了这些动物几乎每一天的行踪。根据这个原理，就可以通过象牙不同横断面的"化学画像"推算出猛犸象的地理位置。

　　人类的好奇心和探索精神显然不满足于对古老的动物遗存进行"核酸检测"，甚至期望"复活"这些古老的物种。电影《侏罗纪公园》讲述了一个科学家复活恐龙的故事，具体方法是将史前琥珀中蚊子体内的恐龙血液提取出来，从中得到恐龙的 DNA 片段。美国哈佛大学遗传学家乔治·丘奇（George Church）教授创立的庞大（Colossal）公司，就宣称要利用基因编辑和克隆技术来复活猛犸象。2021 年，"恐龙能复活吗"这一问题被科学界触及。中国科学院古脊椎动物与古人类研究所的科学家团队，成功地分离出了一只恐龙身上的软骨细胞，在其细胞核中发现了残留的有机分子和染色质。这些案例都离不开核酸技术的支持，而后续核酸技术能做什么，笔者也是非常期待的。

　　对于猛犸象的基因研究，中国学者也是情有独钟的。比如位于深圳市大鹏新区观音山脚下国家基因库的大厅内就矗立着两头巨大的古铜色猛犸象雕塑。国家基因库的工作人员解释道：猛犸象虽然是一个消失了的物种，但是它的细胞却还完整地保存着，因为这样的保存我们才有可能恢复出猛犸象的胚胎，如果有合适的母体的话就可以重新复活猛犸象。看来，国家基因库不仅仅是一个"库"，还有可能成为一个基因合成生命的摇篮（图 1.14）。

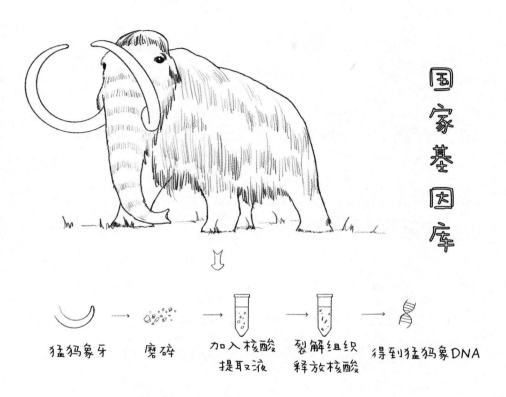

国家基因库

猛犸象牙　磨碎　加入核酸提取液　裂解组织释放核酸　得到猛犸象DNA

图 1.14　猛犸象核酸的探究

监控核酸，世界很大，病毒也想到处去"看看"

气候变化与人畜共患病

俗话说："物以类聚，人以群分。"感染人和动物的流感病毒也是一样。感染禽鸟的流感病毒，称为禽流感病毒，通常不会影响人类。但近十几年来，某些高致病性禽流感病毒不断变异，导致人类感染。这种由共同的病毒引起的，在人和脊椎动物间自然传播感染的疾病被称为"人畜共患病"（zoonosis）。这些病毒原本只感染动物，如蝙蝠、鸡等，但病毒在动物宿主体内经过一段时间的增殖，偶尔会发生基因变异或重组，从而获得识别人类细胞表面蛋白受体的能力，造成"跨物种传播"或"外溢"。2022 年 4 月，《自然》杂志发表文章《气候变化增加跨物种病毒传播风险》（Climate change increases cross-species viral transmission risk）。该研究预测，在未来的 50 年里，气候变化将可能带来超过 15 000 起新的哺乳动物间病毒传播事件，病毒在不同物种间更频繁地传播，可能会引发更多的疫情，给人类和动物的健康带来同等严重的威胁。气候变化研究近年来越发受到关注，2021 年诺贝尔物理学奖就授予了气候变暖等复杂物理系统的研究。

过去几十年来，新发传染病频繁暴发，其中 70 % 以上起源于野生动物。野生动物（自然宿主）携带的病毒一般需要借助其他动物（中间宿主）才能传给人类（终末宿主）。以禽流感为例，目前已知的禽流感病毒中，H5、H7、H9 亚型可以传染给人，其中 H5 为高致病性亚型。1997 年，香港首次发现一例 3 岁儿童因感染 H5N1 亚型禽流感病毒死亡的病例。1998 年，广东韶关和汕头分别发现 4 例和 5 例 H9N2 亚型禽流感病毒感染人类的病例，这也是全球首次发现人感染 H9N2 亚型的病例。2013 年春天，我国上海等地区出现了 H7N9 亚型禽流感病毒感染，这个事情发生在严重急性呼吸综合征（SARS）暴发的 10 周年之际。当时疫情控制得非常好，虽然媒体没有太多的报道，但是对后续的抗疫应该也产生了一定的影响。上海采取的很多新冠肺炎防控措施，应该也得益于当年积累的经验。

禽流感原是鸭群中的一种肠道传染病，但 H9N2 亚型却演变成了一种在鸡群中传播的相对温和的呼吸道病毒，在欧亚大陆传播开来。2014 年 3 月，《柳叶刀》杂志发表了中国疾控中心高福院士的文章《携带 H9N2 的家禽充当新型人类禽流感病毒的孵化器》（Poultry carrying H9N2 act as incubators for novel human avian influenza viruses）。文章指出，2013 年和 2014 年出现的人感染 H7N9 和 H10N8 亚型禽流感病毒都是来源于野鸟中流感病毒与家禽中 H9N2 亚型流感病毒的重配。携带有 H9N2 亚型病毒的家禽就像一个"孵化器",使得来自野生鸟类的禽流感病毒得到更大的重配机会,从而在家禽中存活和传播,并最终造成人感染。

2019 年 11 月,也就是在新冠肺炎疫情大暴发的前夕,高福院士团队在《细胞通讯》杂志上发表了题为《 H7N9 禽流感病毒血凝素的禽–人受体结合适应》(Avian-to-human receptor-binding adaption of avian H7N9 influenza virus hemagglutinin)的研究论文,详细阐述了 H7N9 亚型禽流感病毒血凝素蛋白由禽源受体偏好性向双受体结合特性演化的过程。他们发现仅一个氨基酸的变异就可以使禽源受体结合特异性的病毒获得人源受体结合能力。

传染源——自然宿主

在 2003 年 SARS 暴发的时候,蝙蝠就被确定是疫情的源头。经过当年的快速研究和后续 10 多年的跟踪研究,科学家证明了 SARS 的传染源就是蝙蝠。2012 年在中东暴发的中东呼吸综合征(MERS)也是由蝙蝠起源。在目前探明的 7 种冠状病毒(coronavirus)中,除了新冠病毒的源头还没有完全敲定,其他 6 种冠状病毒中的 4 种的源头宿主都是蝙蝠(图 1.15)。所以,在新冠肺炎疫情刚暴发的时候，科学家们自然就想到了蝙蝠。

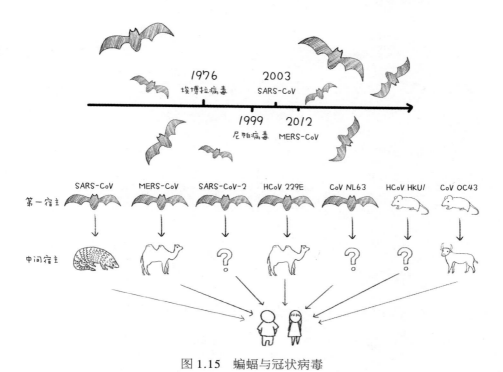

图 1.15　蝙蝠与冠状病毒

蝙蝠侠和超人是美国漫画史上资格很老的两个超级英雄。蝙蝠不仅不会像好莱坞大片中的蝙蝠侠那样拯救人类，反而时不时造成一次疫情的暴发。蝙蝠身上携带多种致病病毒，堪称移动的病毒库，这样"藏污纳垢"也不知道清理，这显然不仅不是"侠"，而是完全"瞎"了。蝙蝠的英文单词 bat，在我国有着非常高的使用率，它是三大互联网公司（百度、阿里巴巴、腾讯）的首字母缩写。但是，bat 这个单词的英文本意是"棒打"的意思，所以本是超级英雄之一的"batman"（蝙蝠侠）拆开来就变成了"bat man"（棒打人类）。

尽管目前对蝙蝠的免疫系统还知之不多，但有研究表明蝙蝠强大的免疫功能或许与它们能量代谢的大幅度变化有关。就像鲸鱼不是鱼类，蝙蝠虽然会飞，但不是鸟类。蝙蝠是哺乳动物中仅次于啮齿目动物的第二大类群，也是唯一会飞的哺乳动物。蝙蝠长时程飞行能产生大量的热，使其体温能上升到41℃，这相当于持续性地处于人类的高烧状态，这样的高温使得蝙蝠的机体免疫代谢速率一直处于较高水平，能够在需要的时候对病毒入侵做出快速有效的响应。

如果没有翅膀，从外形上来讲，蝙蝠跟啮齿目动物的老鼠非常相像。我们都知道老鼠可分为大鼠和小鼠，同样，蝙蝠也分为大型蝙蝠和小型蝙蝠。具体的"门、纲、目、科、属、种"分类或者基于核酸序列的分类，在此不做赘述。笔者想提一下的是，蝙蝠是野生动物，极少有人饲养蝙蝠。我们听到的"家蝠"一词，不是指宠物猫、宠物狗那样的家宠，而是指那些经常光顾农家住房的小蝙蝠。现在全球都提倡保护生物多样性和保护野生动物，所以，尽管蝙蝠携带了很多能导致人类传染病的病毒，我们只能去试着深入了解它、研究它，而不要想着去消灭它。

中间宿主

大多数蝙蝠种类栖息于热带和亚热带雨林或岩洞中，距离人类活动区域较远，因此需要通过中间宿主（图 1.16）作为"二传手"才能把病毒传染给人类。2003 年 SARS 暴发初期，疾病预防控制（以下简称"疾控"）部门的工作人员和相关研究人员发现一些病人是餐馆里负责处理野生哺乳动物的人员，因此他们把目光集中到了经营野生动物的市场。通过对市场里的一些动物的取样，他们发现果子狸身上带有一种和 SARS 病毒在基因序列上 99.8% 相似的冠状病毒，因此能比较明确地推测出果子狸是 SARS 传播的中间宿主。

果子狸　　　　　　　　穿山甲

我爱爬树吃水果！　　　我爱穿山啃泥土！

图 1.16　冠状病毒的中间宿主

这次新冠肺炎疫情，科学家没有发现果子狸作为中间宿主的嫌疑，而是把目光投向了跟果子狸长得有点像的穿山甲。穿山甲是一种全身布满坚硬鳞片的哺乳动物，擅长打洞，以蚂蚁为食。这个在地球上生存了上千万年的古老物种，在几十年间，由于人类捕杀濒临灭绝。

科学家之所以认为穿山甲是潜在的将新冠病毒带给人类的中间宿主，主要是基于基因数据的分析和推测，目前还没有直接的证据。动物可以将新冠病毒回传给人类的首个证据来自荷兰的水貂养殖场。2020年4月，荷兰两家养殖场的水貂死亡率突然上升，随后，研究人员确认了这两个养殖场的工人从水貂那里感染了新冠病毒。2020年11月，丹麦，这个安徒生童话故事里面的美丽国度，世界上最大的貂皮生产国，被网络披露了大量捕杀养殖水貂的照片。丹麦首相梅特·弗雷泽里克森（Mette Frederiksen）在宣布捕杀水貂时，在镜头前流下了泪水。事实上，这样的大规模捕杀人工养殖的动物的做法屡见不鲜。无论是禽流感、猪瘟、疯牛病或口蹄疫，都曾有过通过捕杀成千上万的家禽、家畜来控制疫情的做法。需要指出的是，这种捕杀只适用于人工养殖的动物，而自然界的野生动物是不能捕杀的。

前世今生的核苷酸：酸甜的内心实为"碱"

新冠病毒并没有细胞和细胞核。所以，疫情期间大家常听说的"核酸"二字，其实没有"核"，检测的也不是"酸"，而是"碱"基。核酸的主要功能是通过给氨基"酸"排队来决定生成哪种蛋白质，而决定氨基"酸"排列顺序的密码，却掌控在"碱"基里。科学，就是这样深奥而又有点调皮。

1944 年，埃尔温·薛定谔（Erwin Schrödinger）写出了《生命是什么》（*What Is Life*）。物理学家的思路跟生物学家就是不一样。薛定谔不讲无机和有机，而是讲无序和有序。薛定谔指出，自然万物都趋向从有序到无序，即熵值增加，而生命则需要通过不断抵消其生活中产生的正熵，使自己维持在一个稳定而低的熵水平上。生命以负熵为生，逆水行舟，不进则退。或许正是因为对生命有了这样的理解，薛定谔自己的人生也是非常"能折腾"，非常精彩。薛定谔在这本书中还有一句名言："对意识来说，没有曾经和将来，只有包括记忆和期望在内的现在。"[1]

---

1 英文原文如下：There is really no before and after for mind. There is only a now that includes memories and expectations.

达尔文认为地球上的生命，从无机到有机。薛定谔说，生命是从无序到有序。笔者想加一句：生命是从无趣到有趣，从无知到有知。正是因为对生命科学和科普的兴趣，笔者愿意付出时间精力来写好这本书。

第 2 章

瘟疫简史：那些被改变了的皇朝与王朝

◆ "人生"大战，钢铁是怎样炼成的

◆ 核酸武器，它的名字叫"病毒"

◆ 科学溯源，宇宙的尽头是自然

◆ 论持久战，人类基因组的 8% 已然是病毒

◆ 前世今生的宫廷剧：被天花断后的慈禧太后

1867 年，瑞典海伦娜堡的一个仓库发生了爆炸，时年 34 岁的化学家阿尔弗雷德·诺贝尔（Alfred Nobel）成功引爆了硝酸甘油炸药。从此，炸药让人类劈山开石，使天堑变通途。硝酸甘油既可以被制成具有毁灭性的炸药，也可以成为心脏急救的良药。诺贝尔先生晚年不幸患上了心绞痛，他应该也从未想到过，自己一生与之打交道的硝酸甘油有一天还能成为心脏急救的药品。不过硝酸甘油的这一神奇作用直到诺贝尔奖设立 103 年后的 1998 年，才被三位美国科学家发现。他们发现硝酸甘油释放出来的一氧化氮气体能有效扩张血管平滑肌，使血管舒张。这种作用机制从某种意义上来说就如同硝酸甘油在人体血管壁内缓慢"爆炸"。这三位科学家因此发现获得了诺贝尔生理学或医学奖，他们的发现，也将物理上的宏观"爆炸"跟生物体内的微观"爆炸"有机地结合起来了。

1869 年，瑞士科学家米舍发现了核酸。虽然当时没有一声"巨响"，但是由核酸带来的生命科学革命并不亚于硝酸甘油炸药。核酸的组成单位是核苷酸，是生命密码的基本成分。可以被制成炸药的硝酸甘油既能爆炸也能救命。名字有着几分类似的核苷酸也是一样。如果驾驭不住，它就从无数的病毒和其他微生物病原体内冲破出来，造成像新冠肺炎疫情这样的灾难；如果驾驭住了，它就可以被制成核酸疫苗和药物，造福人类社会。

"人生"大战，钢铁是怎样炼成的

　　人类是地球上最高等的生物，至少我们自己是这么认为的。在人类进化过程中，"人"类跟其他"生"物之间的"人生"大战一直在进行着。"自然选择，适者生存"。在历史长河的一次次"人生"大战中，我们人类被铸造得像钢铁一样强大。人类的扩张导致野生生物的生存受到威胁，生物多样性下降，栖息地遭到严重破坏，甚至野生生物的活动与人类社会活动发生了交集，导致新发传染病不断出现。

　　美国加州大学洛杉矶分校医学院生理学教授贾里德·戴蒙德（Jared Diamond）于 1997 年出版的《枪炮、病菌与钢铁：人类社会的命运》（*Guns, Germs, and Steel: The Fates of Human Societies*），该书的中文版也已出版。戴蒙德基于达尔文进化论来看待人类社会的变迁，他在书中讨论人类社会的演化，关注的问题是欧洲白人社会与非洲黑人社会的发展轨迹为什么会有如此大的差别。戴蒙德认为，白人也好，黑人也好，不同人种之间并没有什么体质和智力上的根本差别。他甚至认为，那些仍在石器时代生活的族群，智力非但不比工业社会里的人逊色，或许反倒更胜一筹。因此，在生物学方面"人人平等"，不同社会发展的差别和演化的动力可以归结为环境。戴蒙德认为，地理条件（如大陆轴线的方向）和生态因素（如容易被驯养的野生动植物的数量）是造成历史差异的终级因素。这个差异导致不同大陆之间食物生产的差异，人口数量和密度的差异，不同大陆在病菌演化、技术发明和社会结构等方面的差异，其最终结果就是欧洲人通过枪炮、病菌与钢铁征服了非洲大陆。说得通俗点，食物越多，能够供养的人口就越多。稠密的人口有利于病菌的演化，进而使这类人群对病菌更有抵抗力。欧洲跟非洲相比，在自然资源方面占据了明显的优势，进而导致了人口数量增加和人群生理性质的改变。一个洲的面积越大、人口总数越多，就有可能出现更多的发明家，导致更大的竞争和新发明的压力。欧洲大陆的枪炮和钢铁显然就是由这样的技术创新压力催生的。一方水土养一方人。"环境决定论"最初由德国地理学家拉采尔在 19 世纪末发表的著作《人类地理学》中提出。该观点认为，人是地理环境的产物，其活动和发展受到地理环境的支配，而位置、空间和界线是支配人类分布和迁移的三个主要地理因素。

《枪炮、病菌与钢铁：人类社会的命运》一书中写道，绝大多数能够被驯化的动物都生活在亚欧大陆，而美洲和澳大利亚的土地上天生就没有什么动物能被驯化。这样一来，亚欧大陆的居民很早就从驯化的动物那儿接触到了各种病毒。也因此形成了对病毒一定程度的免疫力。因此，在哥伦布发现美洲之后的短短一两百年时间内，北美原住民印第安人的数量减少了95%。这里面当然有欧洲殖民者有意识地驱赶和屠杀的因素，但天花以及其他病毒的传播也起到了毁灭性的作用。面对这些前所未见的病毒，当地居民只能坐以待毙。类似的场景也在南美洲和大洋洲出现，可以说正是由于病毒的帮助，欧洲殖民者才轻松占领大片土地。

当然，瘟疫是"不长眼睛的"，不会一直帮谁或者害谁。18 世纪末，法属殖民地海地连续爆发反抗法国殖民统治的黑奴起义。当时的法国政局动荡，拿破仑称帝之后，出兵海地镇压反叛，数万法军登陆海地。当法军在战场上所向披靡之际，黄热病开始在海地流行。由于黄热病源自非洲，欧洲人对它没有天然免疫力。据历史记载，法军官兵、当地官员、医生和水手总共有几万人死于这种传染病，最后只有几千人逃回法国。在海地被瘟疫击败后，拿破仑不但放弃了海地，还放弃了在北美大陆的殖民野心，这给后来的英国殖民北美大陆创造了机会。

从拿破仑兵败海地和英国殖民北美大陆再往前几百年，大约是公元 1350 年，一场据研究可能源自蒙古的鼠疫（也称为"黑死病"）席卷欧洲，夺走了数千万人的生命，使得欧洲人口减少近三分之一。经过鼠疫的扫荡，欧洲许多封建国家从满目疮痍中重生，开始向现代社会、商业经济方向迈进，为日后这些国家的崛起和称霸世界做了铺垫，甚至有观点认为是这场鼠疫催生了西方文明。因为大量青壮年死于鼠疫，使得农村劳动力锐减，封建领主庄园佃农和农奴奇缺，这动摇了封建佃农制的根基。此外，由于劳动力供不应求，人工昂贵，直接推动了工具改良和技术创新。有史学家认为，西欧航海、探险和帝国主义的兴起也部分归因于这场鼠疫。

上面提到了天花和鼠疫，但是根据《自然》杂志 2013 年的一篇文章《流行病学：死敌》（Epidemiology: A mortal foe）所提供的数字，造成死亡人数最多的传染病是结核。在过去 200年里，因结核死亡的人数超过 10 亿（图 2.1）。

传染病对英国王权也产生了重大的影响。17 世纪的英国王室，当时的国王和女王分别是威廉三世和玛丽二世。我们都知道美国建校最早的大学是哈佛大学（1636 年），估计没有多少人知道美国建校第二早的大学是威廉玛丽学院，该校就是由当时的英国国王和女王于 1693 年资助建立的。 无情的天花夺去了威廉和玛丽的最后一个儿子的生命，王位只好传给了玛丽的妹妹安妮公主。安妮公主曾多次生育，但没有一个孩子长大成人，这里面应该有传染病的因素。正是安妮公主在位的 1707 年，英格兰和苏格兰合并成为一个统一的大不列颠王国。安妮公主过世后，王位传给了乔治一世，这标志着英国斯图亚特王朝的结束和汉诺威王朝的开始。由于乔治一世不是英国人，和大臣们的交流很成问题，更

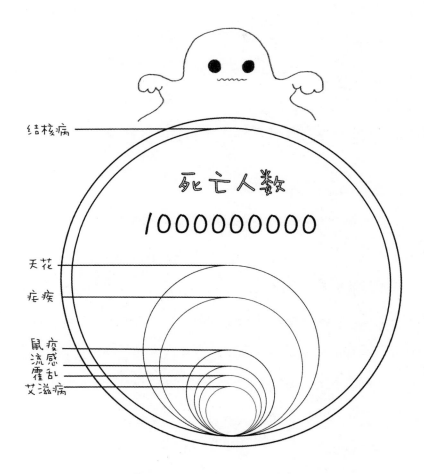

图 2.1　传染病——人类的死敌

别提处理国事了。所以他便把国家交给了内阁大臣们全权打理，于是英国国王逐渐成了吉祥物一般的存在，这也间接促成了英国内阁制的建立。真正的实权落到了首相手里，而王室几乎成了一个摆设。显然，天花等传染病对英国今天的政治体制的形成起到了重要作用。

核酸武器，它的名字叫"病毒"

病毒的英文 virus 一词源自拉丁语，其字面意思是"黏稠的液体，毒素"，在中世纪晚期的英语中主要指"蛇的毒液"。19 世纪随着微生物研究的兴起，人们认为细菌是许多传染性疾病的病原体。1890 年，法国微生物学家路易·巴斯德（Louis Pasteur）提出著名的论断：所有的病毒都是微生物。不过，巴斯德说的"病毒"并不是今天我们所知道的病毒。严格来说，病毒只有进入了宿主，产生"病"、产生"毒"，才能称得上是"病毒"。而独立于宿主之外因此"毒"不起来的只能被称为病毒粒子（virion）。

病毒跟一般的生命体还不太一样。有的科学家认为病毒不是生命，因为病毒缺乏必要的细胞器（如线粒体）而无法进行正常的代谢活动，并且病毒自身也不能繁殖（而是要依靠宿主细胞提供的原料及细胞器来完成）。笔者认为，既然病毒能复制，并且病毒能一直进化，那病毒就是生命。再说了，用以对抗病毒的疫苗有一种是"灭活"疫苗。如果病毒不是生命，不是活的，哪来的"灭活"一说。

薛定谔认为，生命是让无序变成有序。笔者觉得，生命也可以说是由被动变成主动。地球形成之初，不管是太阳辐射提供的能量，还是海底黑烟囱提供的动力，那都是外力，可以让原始汤里面的东西"动"起来。但是原始汤里真正出现的称得上是生命的东西，那就是其中的某种不需要外力来推动，就能"主动"起来的东西。病毒是当今人类社会面临的头号天敌，笔者认为我们或许不必浪费时间去形而上学地讨论病毒是不是生命，我们更需要知道的是病毒能否致命——摧毁人的生命。

曾有科学家把病毒比喻成"只是包裹在蛋白中的一条坏消息"。这个比喻形象地描述了病毒结构的简单。关于病毒的起源，目前还没有统一公认的说法，也没有确切的方法去验证。根据 2019 年 5 月《自然综述·微生物》杂志的一篇文章《病毒起源：来自宿主、从事衣壳招募的原始复制器》（Origin of viruses: primordial replicators recruiting capsids from hosts）的介绍，目前主要的病毒起源假说有三种（图 2.2）。第一种假说认为，病毒是前面提到的原始汤中的"原住民"。病毒是在那锅"汤"里跟细胞一起"乱炖"出来的，并且创造出了寄生的生活方式，这跟前面提到的"RNA 世界"理论是吻合的。这个假说一度十分盛行，毕竟病毒的构造是如此简单，甚至简陋，它们与细胞生命的差异又是如此巨大。第二种假说认为，病毒本质上是堕落的细胞生物。有些单细胞生物在长期寄生生活中，绝大部分细胞结构逐渐退化，最终变成了病毒这种让人分不清是不是生命的物体。第三种假说认为，病毒是劫持细菌核酸的"盗窃者"。细菌中广泛存在一种名叫"质粒"
的小片段环状 DNA，它们基本上就是一群"打工仔""临时工"，
细菌随时可以从环境中吸收它们为己所用，也能随时赶走它们。
不甘心一辈子打工，于是，在漫长的演化中，有些质粒开始尝试
一件事：它们走上了"叛变"之路，反过来把它们的细菌老板给"劫
持"了，夺走细菌所有的营养来复制自身。随着时间推移，它们
中的一部分就演化成了病毒。

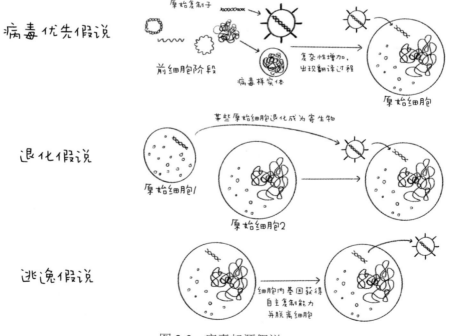

图 2.2　病毒起源假说

病毒的分类有很多种。根据病毒的外表来分类，可将其分为：
球状病毒、杆状病毒、砖形病毒、冠状病毒、丝状病毒、链状病毒、

有包膜的球状病毒、具有球状头部的病毒和封于包含体内的昆虫病毒等。根据病毒感染动物或人类宿主的方式来分类，可将其分为：呼吸途径传播的病毒，如流感病毒；经口鼻途径传播的病毒，如甲型肝炎病毒（简称"甲肝病毒"）；性接触传播的病毒，如艾滋病病毒（HIV）；通过输血传播的病毒，如乙型肝炎病毒（简称"乙肝病毒"）；以及人畜共患病毒，如狂犬病毒。也可以根据宿主类型来分类，将病毒分为：噬菌体（细菌病毒）；植物病毒，如烟草花叶病毒（tobacco mosaic virus，TMV）；动物病毒，如天花病毒。最后，我们也可以从性质来分类，将病毒分为：温和病毒，如艾滋病病毒；烈性病毒，如狂犬病毒。

从核酸的角度来说，病毒的遗传物质是 DNA 或 RNA（图 2.3）。双链 DNA 病毒和单链 RNA 病毒占病毒的绝大多数，当然也有少部分特殊的单链 DNA 病毒（如细小病毒）和双链 RNA 病毒（如轮状病毒）。我们还可以按照病毒是否有包膜（envelop）再细分。值得一提的是，导致疯牛病的是一种既没有 DNA 也没有 RNA 的朊病毒（prion），它的发现者——美国加州大学旧金山分校的史坦利·普鲁西纳（Stanley Prusiner）获得了 1997 年诺贝尔生理学或医学奖。

根据美国生物学家、1975 年诺贝尔生理学或医学奖获得者戴维·巴尔的摩（David Baltimore）提出的病毒分类，包括新冠病毒在内的冠状病毒属于正链 RNA 病毒。正链 RNA 的意思是病毒基因组的 RNA 可以直接作为"信使"进行病毒蛋白质的翻译合成。

正链 RNA 病毒复制时，病毒基因组先合成负链 RNA，再以其为模板合成子代正链 RNA。病毒的 RNA 聚合酶在病毒基因组复制和转录中起核心作用。而 RNA 容易突变的原因在于 RNA 聚合酶不具有校对活性，因此其基因组在复制过程中核苷酸的错配率比较高。和新冠病毒一样，艾滋病病毒也属于 RNA 病毒，但它属于 RNA 病毒中突变率更高的反转录病毒。

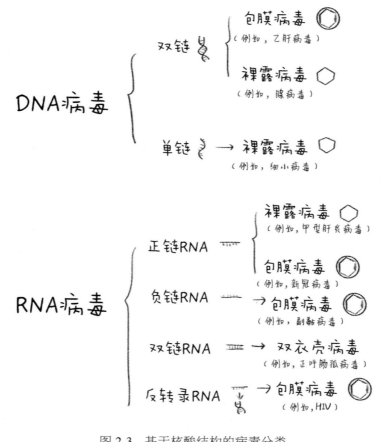

图 2.3　基于核酸结构的病毒分类

病毒的命名

感染人类的冠状病毒的英文简称是 HCoV，其中的 H 是指人，V 是指病毒。大家或许会好奇，那么有 HAV、HBV、HCV 吗？这还真的有，并且 A、B、C、D、E、G 这六个字母，都分配给了肝炎病毒，分别代表甲、乙、丙、丁、戊、庚等几种类型的肝炎病毒，由此可见肝炎病毒的重要性。不过，千万不要搞混的一点是，肝炎病毒的字母 H，是 hepatitis 的缩写，而不是 human 的缩写。既然同属肝炎病毒，按理来说，各型肝炎病毒应该差别不大。但乙型肝炎病毒是 DNA 病毒，而甲、丙、戊型肝炎病毒却都是 RNA 病毒，丁型肝炎病毒大部分情况下是在乙型肝炎病毒感染的基础上引起重叠感染的一种缺陷型病毒。当乙型肝炎病毒感染结束时，丁型肝炎病毒感染亦随之结束。

在几种病毒性肝炎中，甲、乙型肝炎可通过疫苗进行预防，而丙型肝炎是可以被治愈的，并且基本被消灭殆尽。中国科学院武汉病毒研究所官网上有一篇文章，题目是《从发现到治愈：纵观丙型肝炎 25 年》，大致介绍了相关信息。网络上还有一篇文章，题目是《丙肝神药消亡史：灭了病毒，没了销路》，从中我们可以大致看到人类与疾病斗争的复杂性。该故事讲的是，吉利德公司，即推出药物瑞德西韦（Remdesivir）的公司，于 2011 年耗资过百亿美元，收购了美国 Pharmasset 公司，因此获得了该公司当时已进入临床阶段的慢性丙型肝炎药物索磷布韦。2013 年，索磷布韦获批上市。2014 年，索磷布韦的销售额突破了 100 亿美元，成为 2014 年度全球第二畅销药。随后年收入继续攀升，达到 200 亿美元。但是，由于药效太好，患者群体规模持续下降，公司丙型肝炎相关药物收入出现断崖式下滑。到 2020 年，收入规模从近 200 亿美元缩水至 20 亿美元，前后不到 5 年的时间。但愿这些赚够了的企业，能够多一份社会责任感，不能因为害怕断了财路而去延缓消灭丙型肝炎以及其他传染病的技术革新。

各病毒英文名的简称，不是按照 26 个英文字母的顺序来分配的。但如前面所述，英文字母的前几个，恰巧都分配给了肝炎病毒，而让人闻之色变的艾滋病病毒，只是分配到了字母 I（当然，主要因为 I 是 immunodeficiency 的首字母）。HIV 是艾滋病病毒英文的简称，而 HIV 感染导致的疾病的简称为 AIDS。就好比，新冠病毒的英文名是 SARS-CoV-2，而新冠肺炎则为 COVID-19。AIDS 发音的谐音，变成了中文里面的"艾滋"，这会让人误以为是"爱滋"，由"爱"而"滋"生。

尽管病毒名在日常生活中可能容易引起混淆，但在国际上是由专门机构来负责病毒的科学命名的，这个机构是国际病毒分类委员会（International Committee of Taxonomy of Viruses，ICTV）。比如，流感病毒的命名规则由世界卫生组织于 1979 年通过，并于 1980 年发表在《世界卫生组织公报》杂志上，题目是《流感病毒命名系统的修订：世界卫生组织备忘录》（A revision of the system of nomenclature for influenza viruses: A WHO memorandum）。在这篇文章中，研究人员首先根据流感病毒抗原将其粗分为 A、B、C、D 四类，中文分别用甲、乙、丙、丁来表示。然后再结合病毒起源的宿主、病毒发现的年份、疾病发生的地域名以及病毒株数进行更详细的分类。比如，感染鸭子的某个禽流感病毒的全称是 avian influenza A（H1N1），A/duck/Alberta/35/76，而感染人的季节性流感的某个病毒的全称是 seasonal influenza A（H3N2），A/Perth/16/2019（图 2.4）。

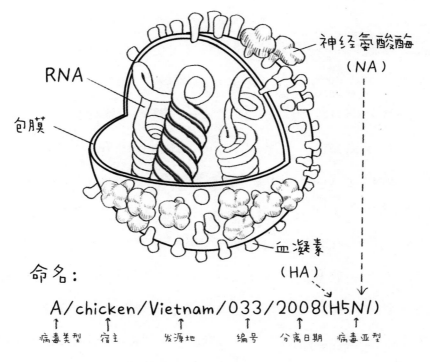

图 2.4　流感病毒结构与命名

这里需要提一下的是，传统上，流感病毒的命名可以包括地域名，但是看似简单的病毒命名，如果由此形成的疾病名称中添加了地域名，那么遭受病毒侵害所在地区的人们可能就像生活在"地狱"了，他们不仅仅受传染病之苦，还会遭到严重的歧视。比如，2012年暴发的中东呼吸道综合征，这个名字就引起了中东地区人民极大的不满。因此，世界卫生组织在2015年发布指南指出，新的人类疾病应该要用社会能够接受的名字来命名，希望避免包括地域、人名、动物或食物名称以及个别文化或产业的标示，避免造成污名化。

甲型流感病毒存在于很多动物以及人类中，是最常见的流感病毒，也是目前已知的唯一导致全球大流行的流感病毒。甲型流感病毒所有变异类型的名称都是由两个英文字母"H"和"N"以及后面所带的数字组成。H和N分别代表流感病毒表面的两个重要的囊膜蛋白——血凝素（hemagglutinin，HA）和神经氨酸酶（neuraminidase，NA）。H后面的数字可以是1~18，N后面的数字可以是1~11。尽管理论上应该有198种排列组合，但目前在自然界中只发现了130多种。不同亚型的甲型流感病毒与受体的结合主要靠HA蛋白来实现，HA与受体的结合具有种属特异性。其中，获得双1号数字的H1N1流感病毒是每年季节性流感的主要病毒，它也曾是1918年西班牙流感和2009年北美流感的元凶。由于甲型流感病毒易突变且类型多种多样，因此让我们防不胜防。但是不是说可以根据流行程度来判断病毒毒性的强弱呢？其实不然。导致大规模流感发生的流感病毒并不一定说明它的毒性更强，只能说明这个病毒变化速度快，人群和免疫系统对该病毒还没有产生抗体，针对性疫苗也没有研发出来，因此，容易导致快速扩散。

病毒的发现

19 世纪中叶，巴斯德发现啤酒和葡萄酒变酸的秘密不在于当时人们普遍认为的化学反应，而是微生物的作用。此后，他通过大量实验证明了微生物是导致疾病的原因，建立了细菌学说。他还创立了巴氏消毒法，至今，我们仍然可以在鲜牛奶的外包装上看到"巴氏杀菌"的字样。在细菌学说占据主流的时候，人们只知道传染病皆由细菌或其毒素引起，并不知道病毒的存在。与细菌学说相关的另一个著名学者是德国的科赫。1882 年，科赫在柏林生理学学会上宣布，他找到了结核病的病原体。科赫的这一重大发现在学界掀起了一波寻找疑难病病原菌的热潮。

1946 年，美国生物化学家温德尔·斯坦利（Wendell Stanley），因率先成功制备烟草花叶病毒蛋白质结晶而获得诺贝尔化学奖。斯坦利在 1944 年发表的一篇文章中指出，苏联植物生理学家德米特里·伊万诺夫斯基（Dmitri Ivanovsky）堪称"病毒学之父"。不过，要说清楚首个病毒的发现，我们还得从德国农业化学家阿道夫·迈尔（Adolf Mayer）谈起。

19世纪末，荷兰的烟草染上了一种可怕的疾病。烟草的新叶长出不久，就出现了一条条黄绿相间的斑纹，接着，叶子卷缩起来，最后完全枯萎、腐烂。这种病蔓延很快，迅速传播到整个欧洲，使欧洲的烟草种植者蒙受了巨大的经济损失。当时在荷兰工作的德国人迈尔被烟草叶子的病态美吸引住了，为探明烟草疾病产生的原因，他自1879年开始展开了长时间的观察与实验研究，并于1882年将这种烟草疾病命名为烟草花叶病。在研究过程中，他先后考虑了自然环境、地理条件、季节气候和烟草自身的化学成分对花叶病的影响。不过，在一系列观察研究后，发现这些都不是致病的原因。最后，他决定模仿科赫的研究看看花叶病是不是也会通过病原体传染。

1886年，迈尔把患有花叶病的烟草植株的叶片加水研碎，取其汁液注射到健康烟草的叶脉上，结果健康烟草叶患病，证明了这种病是可以传染的。尽管迈尔错误地提出烟草花叶病是由细菌引起的，但他是历史上第一个发现烟草花叶病是一种植物传染病的科学家，开启了烟草花叶病致病因子研究的先河。他的研究结果对正在撰写与烟草花叶病有关的学位论文的伊万诺夫斯基以及当时也在荷兰瓦格宁根工作的荷兰细菌学家贝杰林克产生了很大的影响，并为他们取得研究突破奠定了重要的基础。

1892年，伊万诺夫斯基重复了迈尔的试验（图2.5）。他使用了一种细菌不能通过的滤器对患病烟草植株的叶片汁液进行过滤，而后发现这种汁液仍能使健康的烟草植株患病。这种现象起码可以说明，病原体不是细菌，它比细菌还小。伊万诺夫斯基称这种病原体为"滤过性病原体"，并向圣彼得堡科学院提交了学术论文，介绍了上述研究发现。因此，后来很多学者，尤其是俄国学者认为，伊万诺夫斯基是滤过性病原体（病毒）的发现者，他才是"病毒学之父"。遗憾的是，生活在巴斯德的细菌学说极盛的时代，伊万诺夫斯基未能做进一步的颠覆性思考、研究去发现比细菌小很多的病毒。

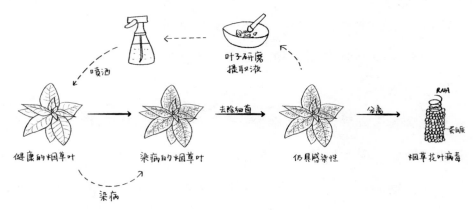

图 2.5　伊万诺夫斯基烟草花叶病毒实验

贝杰林克对伊万诺夫斯基的实验再一次进行了验证，也发现烟草花叶病的病原体能够通过细菌过滤器，但这次贝杰林克进行了更加深入的实验。他首先对滤液进行大剂量稀释，发现稀释前后的两种滤液对健康烟草产生感染的程度几乎没有差别，都具有很强的传染性。贝杰林克因此推测滤液的感染性不是由无生命的毒素引起的，而是由可以自我繁殖的生命物质引起的。贝杰林克通过进一步实验发现，这种致病因子仅能在感染的细胞内繁殖，而不能在体外非生命物质中生长。根据这些特点，贝杰林克提出这种致病因子是有感染性的活的新物质，并取名为病毒。

1935 年，斯坦利首次分离出了烟草花叶病毒。虽然斯坦利的研究重要到让他获得了 1946 年的诺贝尔奖，但是他错误地认为从患有花叶病的烟草提纯液中分离出来的病毒是一种蛋白质。这一结论受到了许多学者的质疑，他们发现烟草花叶病毒的提纯液及晶体中含有核酸特有的硫和磷。经过大量的实验，他们得出病毒是由蛋白质和核酸两个部分组成的结论，并且还根据核酸蛋白质复合体具有各向异性，推出该病毒应该是杆状颗粒，而不是球状颗粒。最后，现代科技粉墨登场，一锤定音。1939 年，德国生物化学家古斯塔夫·考舍（Gustav Kausche）通过电子显微镜观察证实病毒颗粒的结构是蛋白质包裹着核酸。从最初推定烟草花叶病毒为滤过性病原体，到直接观察到这种病原体为一种亚微观颗粒，科学家用了 40 多年。

谈到荷兰种植烟草叶，其实当地最有名的是郁金香。出于对荷兰这个神秘国度和它的国花郁金香的喜爱，笔者顺带说几句有关郁金香的"金"色故事。郁金香原产于土耳其，从它的英文名

（tulip）也能略窥一二。15 世纪到 16 世纪，由一名西班牙船员带回欧洲，后传到荷兰大量种植。在历史长河里，郁金香曾有段不可思议的历史，远远超出了生物和美学的范畴。17 世纪的资本主义强国荷兰，因其独特的气候和土壤条件，成为世界上主要的郁金香栽培国。郁金香典雅美丽，它丰富绚烂的色彩令整个荷兰为之倾倒并迅速风靡欧洲上流社会，王室贵族争相购买名贵的郁金香。据说在 1637 年，郁金香的价格在一年时间里上涨了 60 倍。据《非同寻常的大众幻想与群体性疯狂》（*Extraordinary Popular Delusions and the Madness of Crowds*）一书记载，当时一株圣奥古斯托（Semper Augustus）品种的郁金香，足足可以买下阿姆斯特丹市中心 20 幢联排别墅。之后由于市场需求旺盛，人们不再直接买卖球茎，而是开始贩卖郁金香球茎的购买合同。与此同时，大量热钱从德国、法国等地涌入荷兰，加入炒作的行列，郁金香泡沫由此产生。现在很多金融领域的词汇（比如"看涨""看跌""期权""期货"）就是那时候被人们创造出来的。荷兰的烟草叶发病让世人发现了生物领域的病毒，荷兰的郁金香泡沫让世人发现了金融领域的疯狂，这个国家对人类认知的贡献还真是不小。

冠状病毒简介

冠状病毒，是目前已知基因组最大的 RNA 病毒。这类病毒颗粒的表面有许多规则排列的突起，整体看来像一顶皇冠，因此而得名。冠状病毒可感染包括人类在内的多种脊椎动物，主要引起呼吸道和肠道疾病。从生物进化的角度来说，冠状病毒属于网巢病毒目冠状病毒科正冠状病毒亚科，为具有包膜的正单链 RNA 病毒。冠状病毒科共分为四个属：α、β、γ、δ，其中 β 属冠状病毒又可分为四个独立的亚群 A、B、C 和 D。本次新冠病毒 SARS-CoV-2 与 2003 年引发 SARS 的 SARS-CoV 同属 β 属 B 亚群，二者的名字只差了一个数字，由此可见它们的同源性。

1912 年，灾难性的第一次世界大战和西班牙流感发生之前，一只猫患上了一种被称为传染性腹膜炎的疾病，这也是历史上最早记载的与冠状病毒感染相关的病例。不过直到 20 世纪 30 年代，冠状病毒才首次从一只鸡身上被分离出来。

在病毒发现的历史中，最早识别出人类冠状病毒的是一位女性科学家。她就是英国病毒成像专家琼·阿尔梅达（June Almeida）。阿尔梅达用电子显微镜观察到了冠状病毒，并且确定了这种病毒可以导致普通感冒。同时发现这种病毒是一类有包膜的 RNA 病毒，呈不规则的圆形或类圆形，平均直径大约 100nm，外观形态很像日冕。1968 年，这种病毒被命名为冠状病毒。俗话说："欲戴王冠，必承其重"。皇冠是很多人神往的，很多国际知名品牌也用 Corona 这个名字，比如本田汽车中就有一款车型叫

Corona。新冠肺炎疫情的出现，至少是在疫情的早期，这些产品的销售受到了不少影响。新冠病毒之所以如此得名，而不是像"地中海贫血"或"中东呼吸综合征"那样冠以地名，也是最近这几年达成的国际共识，避免污名化。

1975 年，第二种引起人类疾病的冠状病毒被发现。这种冠状病毒是从腹泻患者的粪便中分离得到的，并被认为与人类腹泻有关。为了与以前从感冒患者呼吸道中分离得到的冠状病毒进行区别，科学家将这两种病毒分别命名为人呼吸道冠状病毒和人肠道冠状病毒。它们的学名分别是 HCoV-229E 和 HCoV-OC43。这两种冠状病毒都比较温顺，只会导致轻微的症状，因此也没有受到多大的重视。直到 20 多年后的 2003 年，SARS 的出现，彻底改变了人们对冠状病毒的看法。SARS 之后，又相继有两种冠状病毒在人体中被发现，分别是 HCoV-NL63 和 HCoV-HKU1，这名称中的 NL 表示荷兰，HK 表示香港。2012 年，在人体中又发现了继 SARS-CoV 之后的第二个强致病性冠状病毒 MERS-CoV，也就是前文提到的引起中东呼吸综合征的病毒，这种病毒主要出现在中东地区，其致死率高达 40%，远远高于 SARS-CoV 和今天的新冠病毒。

冠状病毒起初只有三个属：α、β、γ。例如，上述的四个弱致病性冠状病毒中，HCoV-229E、HCoV-NL63 属于冠状病毒的 α 属，只引起轻微症状，也不需要其他动物宿主作为二传手；上述的三个强致病性冠状病毒（SARS-CoV、MERS-CoV、SARS-CoV-2）以及 HCoV-OC43、HCoV-HKU1 属于冠状病毒的 β 属（图2.6）。2011 年，国际病毒分类委员会第九次会议添加了 δ 冠状病毒属，这个希腊字母 δ 就是我们在 2021 年常听说的"德尔塔"。不过，我们常听到的"德尔塔"是指"新冠病毒的德尔塔变异"，而不是指"冠状病毒的德尔塔属"。因此，笔者强烈建议，新冠病毒的变异应该用更科学的方式来表述，如果最后到处写的都是 α、β、γ、δ 或 A、B、C、D，那科学的内涵就很容易被标签的混乱抹杀了。

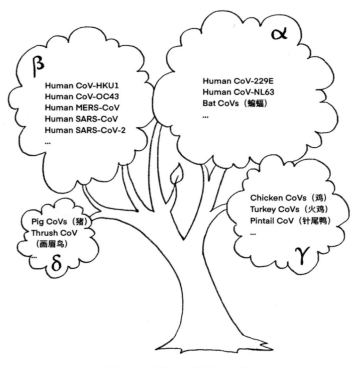

图 2.6   冠状病毒的四大属

　　刚才提到冠状病毒有四大属，而每个冠状病毒的主体有四大核心蛋白，即刺突蛋白（spike protein，S 蛋白）、膜蛋白（membrane protein，M 蛋白）、包膜蛋白（envelop protein，E 蛋白）、核壳蛋白（nucleocapsid protein，N 蛋白，也称为核衣壳蛋白）（图 2.7）。膜蛋白是脂质层外面镶嵌的一些比较大的蛋白，而包膜蛋白是脂质层里面的一些小蛋白。N 蛋白的名字有 nucleo-，表明这个蛋白不在冠状病毒的表面，它在病毒的内部，帮助维护病毒核酸的形状。这四个蛋白的英文首写字母合起来就是英文单词 MENS，字面意思是"男人的"。病毒虽小，力量却很大。

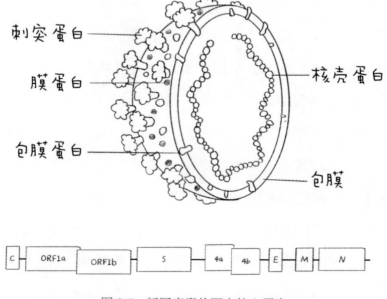

图 2.7　新冠病毒的四大核心蛋白

新冠肺炎与流感和感冒

新冠病毒的超强传染性和隐蔽性导致了一场规模空前的疫情，彻底惊醒了人类，逼迫人类迅速采取措施来应对。现在不时有人在讨论：新冠肺炎会不会变得类似于季节性流感？新冠病毒会不会变成像流感病毒那样与人类共存，这个不好说，但是前面已经提到，可以引起普通感冒的病毒中就有冠状病毒。

感冒的英文名字是 common cold，直接翻译过来是"常见的冷"。其实，这里面包含两个意思：第一个是"常见"。据统计，成人平均每年患感冒 2~6 次，儿童则达 6~8 次。第二个是感冒跟"冷"（受凉）引起的症状很像。关于这一点，中国人和西方人的解读其实是有差别的。中国人普遍认为感冒是受凉引起的，而西方人只是说感冒的症状跟受凉后的症状相似。其实，两种观点都是正确的，只不过一个是从病因角度，一个是从症状角度而已。

事实上，温度的骤然改变确实是感冒出现的诱因，但是引发感冒的根本原因是病毒的入侵。因此，临床医学将感冒定义为"一种常见的急性上呼吸道病毒性感染性疾病"。据统计，有超过 200 种病毒可以导致感冒，较常见的病毒包括鼻病毒、副流感病毒、呼吸道合胞病毒、冠状病毒（α 属）等。其中鼻病毒是普通感冒的主要病原体，根据报道，近一半的急性上呼吸道感染疾病的罪魁祸首就是它。引起普通感冒的冠状病毒和现在肆虐的新冠病毒并不是同一类型，引起普通感冒的是冠状病毒大家族中比较温和的 α 型，而导致 2003 年 SARS 和 2020 年新冠肺炎全球大流行的是比较凶猛的 β 型，因此大家大可不必"谈冠状病毒色变"。

流感听起来和感冒很相似，其全称为流行性感冒，但笔者认为这个名字有很大的误导。流感跟感冒是两个完全不同的疾病，致病的病毒完全不同。普通感冒可以由鼻病毒、呼吸道合胞病毒等多种病原体引起，而流感的病原体仅为流感病毒。两者的临床表型和对人群的危害力也相差很大。一般感冒的症状很轻，大约一周就能自愈，而流感的症状由轻微到严重不等，在孩童、老人和一些有健康问题的人身上可能会引起严重的临床症状。因此，流感并不是一个流行性质的感冒。

新冠肺炎会不会挥之不去，成为流感，这是国内外学者都在讨论的一个问题。如前所述，普通感冒也有一部分是由冠状病毒(α 属) 引起的，所以，除了思考新冠肺炎会不会演变为流感，不妨也思考一下新冠肺炎会不会演变为普通感冒。学者在辩论，病毒之间也在打架。让我们觉得有点哭笑不得的是新冠病毒还真不一定打得过普通感冒病毒。2021 年 3 月，英国格拉斯哥大学的科学家在《传染病杂志》上发表文章指出，能引起感冒的鼻病毒似乎可以战胜新冠病毒。虽然这种好处可能是短暂的，但是由于鼻病毒广泛流传，它仍然可能有助于抑制新冠病毒。

以前就有类似的情况发生过，2009 年甲型流感在欧洲部分地区流行的推迟正是由于鼻病毒引起的感冒大规模暴发所引起的。格拉斯哥大学病毒研究中心的团队在实验中使用了与人体呼吸道内膜细胞同样类型的细胞复制品，然后用新冠病毒和引起普通感冒的鼻病毒对其进行感染。结果发现，如果同时使用这两种病毒，只有鼻病毒能成功感染细胞。鼻病毒除了易于传播，排他性也很强。没想到小小的病毒也像非洲原始森林里面的老虎那样霸道，一旦抢先占领了某个地方，就要"一山不容二虎"。有意思的是，用作疫苗载体的腺病毒，它可以搭载新冠病毒的一部分进入人体，做一个快乐的"搬运工"，而这种"特殊"的载体功能也正是疫苗研制技术领域中一个值得关注的亮点。

科学溯源，宇宙的尽头是自然

所有的生命形式，最初都来源于自然界。

2003 年 SARS 发生的时候，科学家们就比较快速地证明了蝙蝠是冠状病毒的自然宿主，而果子狸是中间宿主。以今天的生物技术和信息技术以及共享技术，为何我们反而不能明确新冠病毒的自然宿主和中间宿主呢？这是因为科学家至今尚未从野生动物中分离到与新冠病毒序列足够相似的冠状病毒（一般认为基因序列相似度需要超过 99%）。目前已报道的最为相近的病毒是从菊头蝠中测序得到的与新冠病毒序列相似度为 96% 的蝙蝠冠状病毒 RaTG13，两者总体相差大约是 4%。在统计学上如果概率（P）小于 5%，一般就可以确定某两个事物之间的内在联系了。可是，科学家推测感染人的新冠病毒与感染蝙蝠的冠状病毒 RaTG13 的进化分歧发生在数十年前。

关于新冠病毒的溯源，世界卫生组织和我国专家开展了两次国际联合溯源调查。2020 年 2 月 24 日，在结束对中国为期 9 天的考察后，中国—世界卫生组织新冠肺炎联合专家考察组在北京举行新闻发布会。关于动物宿主，考察组提出："蝙蝠有可能是新冠病毒的宿主，穿山甲可能是新冠病毒的中间宿主之一"。

在近一年后，世界卫生组织专家组再一次赴武汉开展病毒溯源工作。2021 年 2 月 9 日，中国—世界卫生组织新冠病毒溯源研究联合专家组举行新闻发布会。专家组一共列出了四种新冠病毒传播途径假说：第一种假说是直接的自然宿主溢出，也就是说这个病毒直接从动物传人；第二种假说是通过中间宿主将病毒引入人类，即这个病毒先感染了与人距离比较近的一种动物并在这种动物中传播，然后由这种动物感染了人；第三种假说是通过食物链，也就是通过食物，特别是冷链食物作为一个引入或者是人感染病毒的媒介，造成了跟食物相关的病毒感染；最后一个假说是实验室事件，即人造病毒，监管不严导致病毒泄露。经过全面、严谨的科学论证，专家组认为病毒通过中间宿主引入人类是最可能的一种传播路径。同样，通过冷链产品感染病毒导致病毒引入人类，也是非常可能的。但是，考察组基本排除了由实验室事件引起病毒传播的可能性，并表示在未来溯源的相关工作中不会继续保留这个假说。

新冠病毒在我国被遏制以后，陆续在北京、青岛、天津、大连和上海等城市发生十多次冷链传播病毒的事件，证实冷链产品及其运输链的确是新冠病毒传播的一个途径。在人们的观念中，冷冻食品一直被认为是很安全的，很多人认为细菌、病毒在低温下会被杀死或者无法长期存活，但是新冠病毒的冷链传播颠覆了人们以前的认知。2020 年 6 月中旬，北京在连续56 天无本地报告新增病例之后再次出现新冠肺炎确诊病例。随后，相关部门抽检时从切割进口三文鱼的案板上检测到了新冠病毒，而该三文鱼便是经过冷链进口来的。这是世界上首次发现并证实污染的食品经冷链运输，可以跨国引发疫情。后来相继发生在大连和青岛的散发疫情，也证明是冷链污染所致。越来越多的证据均显示，冷冻的海产品或肉食品，很可能把疫情国家的病毒传入我国。

外防输入，不仅仅针对国际航班的乘客，还要关注国外来的货物，特别是严防经冷链运输食品把新冠病毒带入国内，再次引发新的疫情。与寄生虫和大多数细菌等不同，病毒在低温环境下不会被冻死。反而温度越低，病毒存活的时间越长。普通的冷链运输，病毒也可存活好几周。在 –20℃ 的环境中，病毒可以存活数月之久。如果把病毒放到 –180℃ 的环境，比如液氮里，则可能存活几十年乃至上百年。冷链造就的低温环境，为病毒提供了一个很好的存活空间。因此，对于冷链运输的防范是一场持久的战役，毕竟谁也说不好在这个庞大的产业链中究竟还有多少被污染的产品未被我们发现。

2021 年 9 月，时任中国疾控中心主任高福院士团队在《柳叶刀》

杂志上发表文章《病毒的起源：发现需要时间、国际资源和合作》（The origins of viruses: discovery takes time, international resources, and cooperation）。文章通过对过去几十年流行性传染病追根溯源的引证，呼吁世界各国对新冠肺炎疫情的病原体起源去政治化，以开放的思想和密切的国际合作对病毒追根溯源。

上帝也疯狂

虽然目前还没有最终确认蝙蝠就是新冠病毒的源头、穿山甲是新冠病毒的二传手，但是这不影响我们去推测这条传播链的场景。在某一个地方，一只蝙蝠正从天空飞过，它的粪便带着一丝冠状病毒的踪迹，掉到了森林大地上。这时，一只在叶子间寻找昆虫的穿山甲从地上的排泄物中带走了病毒。这种不明冠状病毒开始在野生动物中间传播。最终，一只感染病毒的动物被人捕获，某一个人在未知的情况下感染了病毒，患上了疾病，之后疾病开始在一个野生动物市场的工作人员之间传播开来，引发了一场影响全球的疫情。

这个画面，让笔者想起了 20 世纪 80 年代的一部经典电影《上帝也疯狂》（*The Gods Must Be Crazy*）（图 2.8）。广袤无垠的非洲大陆，现代文明与原始社会和谐共存。在离现代大都市 6000 千米的卡拉哈里沙漠腹地，生活着仍未受到外来文明影响的布须曼人。有一天，一个可乐瓶子从飞机掉到了地上，男一号（基）

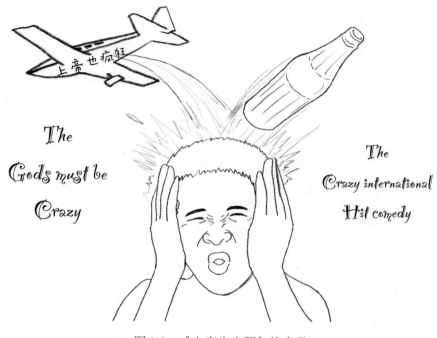

图 2.8　《上帝也疯狂》的启示

捡到了这个瓶子，并把它带回了部落。部落的人们觉得这个瓶子
漂亮得像一件艺术品，这一定是上帝赐予他们的一件"礼物"。
他们发现了这个瓶子的很多用途，比如把它当作制作工艺品的工
具，用它来吹奏美妙的音乐等。但是不像以前他们得到的那些东
西那样，瓶子只有一个，每个人都想把它据为己有，很快他们发
现自己变得嫉妒、愤怒，甚至为此大打出手。基不愿看到族人因
此发生争吵与殴斗，于是和大家商议后决定将瓶子还给上帝，只
为恢复曾经平静快乐的生活。今天的新冠病毒就像电影里的那个
瓶子一样，毫无征兆地被自然界投进了我们的社会，从而引发了

传染病、社会停滞、政治甩锅。尽管这个比喻不是很恰当，毕竟病毒没有像那个瓶子一样带给人类哪怕一丁点的快乐，但是我们还是应该像电影里的布须曼人那样联起手来彻底甩掉这个"病毒瓶子"。

科学溯源——伦敦水泵的故事

19世纪，欧洲暴发霍乱疫情。一开始，人们认为疫情是因为空气不干净而传播开的，连当时的维多利亚女王都支持这个观点。面对这场突如其来的疫情，人们的恐惧在膨胀，焦虑在蔓延。时任英国女王私人医生的约翰·斯诺（John Snow）英勇地站了出来，开创了科学溯源的先河（图2.9）。斯诺把霍乱患者的住址标在地图上，发现病例集中在一个叫作宽街的地方。宽街附近有个公用水泵，伦敦暴发的疫情似乎都跟这个水泵有关。他进一步调查发现，谁喝了来自这个水泵的水，谁就会得病；没喝的，都活得好好的。根据这个现象，斯诺推断：霍乱的蔓延，根本不怪空气，而是通过饮水传播的。随后，政府封锁了这处水泵。果然，疫情立马被控制住了。斯诺运用统计学和点地图的方法，确认了霍乱的传播媒介是水。这两种方法至今仍在使用，也是调查疫情传播媒介的主要方式。斯诺调查疫情这事儿的真正意义不仅于此，它更让英国人意识到卫生的重要性。从这里，我们可以看出科学溯源的意义。

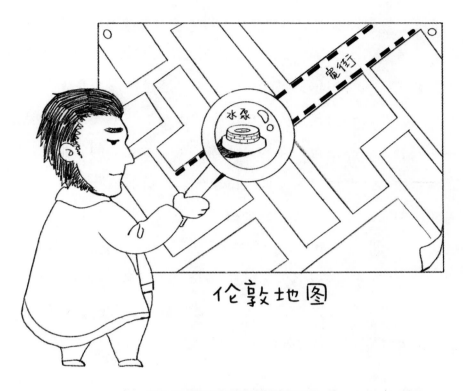

图 2.9 斯诺对霍乱的科学溯源

科学溯源——伤寒玛丽的故事

20 世纪初，美国纽约州南部富人区暴发了一场小规模伤寒疫情。彼时抗生素还没有被发明出来，病菌造成的伤寒是人们最惧怕的流行病之一。伤寒在那个时期被称为"穷人病"，因为染病的很大一部分原因是居住环境不卫生或者是食用了不洁净的水和食物。在富人区出现这种疾病不禁让人觉得非常奇怪。

负责处理此次疫情的专家通过种种因素排除，最终将目光锁定在一名银行家的家庭厨师——玛丽·马伦（Mary Mallon）身上。虽然玛丽十分健康，但是调查人员发现她先后服务过的 7 个家庭无一例外都感染了伤寒。后来，通过对玛丽身上取来的样本进行化验，发现她的胆囊中存在大量活伤寒杆菌，而且这种令人恐惧的病菌与玛丽的身体达到了一种完美的共生关系，让玛丽成为一名经典的无症状感染者。在玛丽最终被确定为伤寒杆菌的无症状感染者后，她被强制隔离三年，并且要求她在隔离结束后不得从事与食物有关的职业。但她却改名为玛丽·布朗，在纽约斯隆医院继续掌厨，在 1915 年又导致 25 人感染伤寒。公共卫生主管机关再次将她逮捕并且判处终身隔离，而玛丽因此声名大噪，成为世人所熟知的"伤寒玛丽"。

谣言止于智者——猪"新冠"非人"新冠"

2016 年 10 月，广东省清远市的一个养猪场暴发猪致命性传染病，一共导致 2 万多头猪死亡。该传染病被称为猪急性腹泻综合征（swine acute diarrhea syndrome，SADS）。注意，这个 SADS 与 2003 年的 SARS 有一个字母之差，SADS 中的 D 代表"腹泻"，而 SARS 中的 R 代表"呼吸"。2018 年 4 月，中国科学院武汉病毒研究所石正丽等人在《自然》杂志发表论文《由蝙蝠起源的 HKU2 相关冠状病毒引起的致命猪急性腹泻综合征》（Fatal swine acute diarrhoea syndrome caused by an HKU2-

related coronavirus of bat origin），发现冠状病毒 SADS-CoV 是造成广东省小范围猪瘟的病原体，且该病毒同样来自中华菊头蝠。新冠肺炎疫情发生后，有人翻出 2018 年中央电视台报道的一则"科学家发现新型冠状病毒"的新闻，因此怀疑新冠病毒跟那次感染猪的冠状病毒有关。但此"新型"显然非彼"新型"，2018 年认为是"新"的事物，到 2020 年显然不再"新"了。2020 年 1 月，中国科学院官方微博"中科院之声"辟谣，称 2018 年发表在《自然》杂志上的文章研究的是"猪急性腹泻综合征冠状病毒"，与引发此次疫情的病毒完全不是同一种。该类型猪病毒目前还只限定在猪群中传播，与病猪密切接触的人并没有被感染。事实上，感染猪的 SADS 冠状病毒属于 α 型，而迄今为止造成人类传染病暴发的冠状病毒都是 β 型。

2021 年 8 月，中国科学院遗传与发育生物学研究所钱文峰团队在 *The Innovation* 杂志上发表文章，为新冠病毒来源于自然界，特别是蝙蝠，提供了强有力的科学证据。研究者发现病毒突变频谱特征几乎完全决定于病毒扩增所处的细胞环境，在不同宿主环境中进化的冠状病毒带有各自鲜明的突变特征。具体来说，在人类细胞中扩增的病毒的突变特征显著区别于在蝙蝠细胞中扩增的病毒，而且宿主物种的进化关系越近，病毒的突变特征越相似。研究人员关注到在疫情暴发前的一段时期内，新冠病毒积累的突变特征与野生菊头蝠细胞环境一致，提示新冠病毒在这段时期内所处的细胞环境与野生蝙蝠的细胞环境高度相似，这个研究支持新冠病毒从蝙蝠直接传给人的观点。

穿越山洞的迷雾——穿山甲

关于穿山甲"可能"是中间宿主的最早科学证据来自位于广州市的华南农业大学。该校在 2020 年 2 月 7 日宣布，科研人员从广东省森林公安局和海关在 2019 年 3 月至 12 月截获的 25 只马来亚穿山甲中提取样本后，发现其携带的冠状病毒与感染人的新冠病毒的基因序列相似度高达 99%，因此推断穿山甲是中间宿主。该研究团队随后提交的论文显示，拿整个基因组来比较的话，穿山甲冠状病毒与感染人的新冠病毒的同源性仅为 90%，而不是99%。论文作者将这一差异解释为"生物信息学小组和研究实验室之间令人尴尬的错误沟通"。该文章于 2020 年 2 月以《分离出马来亚穿山甲中与新冠病毒相关冠状病毒》（Isolation of SARS-CoV-2-related coronavirus from Malayan pangolins）为题投稿《自然》杂志，5 月 7 日正式发表。

在研究穿山甲是否为新冠病毒中间宿主的科研赛道上还有一支劲旅，主要成员分别是中国人民解放军军事医学科学院微生物流行病研究所曹务春、汕头大学·香港大学联合病毒学研究所管轶、广西医科大学胡艳玲。2020 年 3 月 26 日，《自然》杂志发表了一篇他们的文章，题目是《鉴别出马来亚穿山甲中与新冠病毒相关的冠状病毒》（Identifying SARS-CoV-2-related coronaviruses in Malayan pangolins）。除了两个介词"from"和"in"的差别，这两篇论文题目的唯一差别就是第一个单词，一个是"isolation"（分离），另一个是"identifying"（鉴别）。该研究团队从广西在 2017 年 8 月至 2018 年 1 月截获的马来亚穿山甲中提取样本，研究后发现穿山甲身上新发现的冠状病毒与感染人的新冠病毒有 85.5% 至 92.4% 的相似性。

很多关于蝙蝠的研究采样于云南，来自云南大学的张志刚团队也探究了穿山甲是新冠病毒中间宿主的可能性。2020 年 4 月 6 日，他们发表了题为《可能是穿山甲起源的与 COVID-19 暴发相关的 SARS-CoV-2》（Probable pangolin origin of SARS-CoV-2 associated with the COVID-19 outbreak）的学术论文。该论文首次发现了穿山甲冠状病毒在刺突蛋白受体结合区的关键氨基酸区域与新冠病毒几乎完全相同，表明穿山甲很有可能是新冠病毒的中间宿主。大家都在做科学溯源，而溯源需要大量数据的支撑。数据选择的不同，得到的结论有可能不一样（图 2.10）。

来自张志刚团队的论文中的一张图显示，感染人的新冠病毒、感染蝙蝠的冠状病毒、感染穿山甲的冠状病毒，由于选取的数据不同，根本确定不了它们之间的进化关系。对此，也有人提出，中间宿主的定义不能仅仅是根据整个病毒核酸序列的相似度，还要根据一些重要的功能性基因位点的相似性来进行推测。比如，

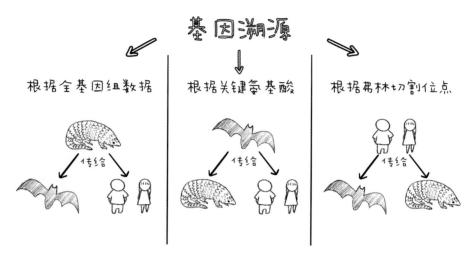

图 2.10　溯源的科学数据与方法学困惑

穿山甲冠状病毒的刺突蛋白上的重要变异片段与感染人的新冠病毒的很接近，这意味着有可能是病毒在穿山甲或者其他中间宿主体内"重组"过。因此，有研究人员推测穿山甲可能向蝙蝠贡献了它的冠状病毒毒株，而后病毒基因经过"洗牌"形成新冠病毒。病毒的基因传递毕竟不像人类遗传那样，只能是从爷爷传给父亲然后再传给儿子，病毒完全可能出现先从动物传到人类而后又由人类传回动物界的情况。

论持久战，人类基因组的 8% 已然是病毒

正视惨淡的现实——挥之不去的病毒已经融入你我的体内

既然有生，就会有死。对于大型动物的化石，我们并不陌生，在博物馆都应该见过一些真的或者虚拟的生物化石，如恐龙化石、昆虫化石等。细菌等微生物也会像恐龙那样在死后留下化石。不过，直到 20 世纪科学家们才发现古微生物化石。这种化石藏匿在古老的岩石中，肉眼看不到，只能通过显微镜才可以看见。科学家们运用元素分析法对这类化石进行分析后证实，这类古微生物化石其实就是古细菌化石。后来，通过基因研究发现，古细菌就是最早期的原核细胞。随着越来越多不同时期的古细菌化石被发现，科学家们对生命第一次出现的时间预测也一次次被刷新。前面提到，2017 年舍普夫确认了在澳洲发现的古生物化石距今约 34 亿年。同样在 2017 年，来自英国伦敦大学学院的科学家团队在加拿大魁北克省的发现将最早的古生物化石的时间推到距今43 亿年。

不论是 34 亿年前，还是 43 亿年前，这跟人类大约 300 万年的历史相比，我们应该认清一个现实：病毒那样的微生物，比我

们人类来到地球早多了。所以，每当疫情暴发的时候，我们不要埋怨"既生瑜，何生亮"，更不要想着将微生物赶尽杀绝。后续，本书会详细讲到，我们人类是离不开包括病毒在内的微生物的，过去如此，现在如此，将来也是如此。

在前面我们讲到，人们可以通过细菌化石对其出现的时间进行推测。那么病毒的出现时间是不是也可以呢？病毒并不像细菌那样会独立形成化石，然后藏匿于古岩石中。病毒是不折不扣的"寄生虫"，必须依存宿主才可以存活。那么如果找到存在宿主基因组中时间最长的病毒，是不是就可以尝试推测出它出现的时间呢？**反转录**病毒便是最好的例子。**反转录**病毒是迄今为止发现的最古老的病毒。而人内源性**反转录**病毒（human endogenous retrovirus，HERV）也是目前人类基因组中最常见的病毒衍生序列。有研究证明，**反转录**病毒可能在 5 亿年前就已经出现。古老的**反转录**病毒在数千万年的灵长类动物进化过程中陆续整合进入宿主基因组中，再通过某种途径感染了人类原始祖先。这些病毒能够插入宿主基因组，甚至生殖细胞基因组中，经过世代繁衍，在宿主基因组中被遗传下去，在人类的进化过程中也不例外（图 2.11），因此，在现代人类 DNA 中留下了数以千计的病毒密码片段，我们的基因组中约有 8% 来自人内源性**反转录**病毒。

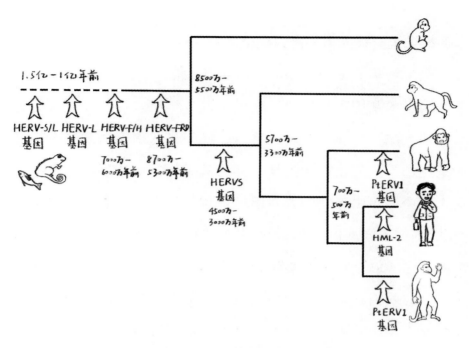

图 2.11 人内源性反转录病毒时间简史

　　值得一提的是，不同的病毒有不同的繁殖方式。反转录病毒（比如艾滋病病毒）由于需要进行反转录复制，所以需要深入宿主细胞的细胞核、插入宿主基因组。而新冠病毒不是反转录病毒，不需要插入宿主基因组，也就不会改变宿主的遗传密码，不会在宿主基因组中留下痕迹。同理，我们也不用担心针对新冠病毒的核酸疫苗会改变人类的遗传密码，因为核酸疫苗只是用来表达 S 蛋白，这个过程在细胞质中进行，还没触碰到细胞核。

　　在人类和病毒的战争中，最终都是人类取得胜利，而这个战争的痕迹也会被人类基因组记录下来并遗传至今。2021 年 6 月，《当代生物学》（*Current Biology*）发表了来自澳大利亚阿德莱德大学的基因组学研究，指出 2 万多年前东亚曾暴发一场冠状病毒大流行。现代中国、日本、韩国和越南等国家的人都可能是这场古代冠状病毒疫情幸存者的后代。在这项研究中，研究人员使用了国际"千人基因组计划"的数据，这数据覆盖了全球 26 个不同族群，共 2500 多个基因组。研究人员检查了 26 个族群中 420 个与冠状病毒相互作用的蛋白质，发现编码这些蛋白质的基因在东亚人群中发生了自然选择，而在其他人群中没有发生，这表明一种古老的冠状病毒流行病在东亚人的祖先中引发了适应性反应。

病毒与人类宿主之间的持久斗争是人类演化的关键推动力。病毒的核酸进入人类细胞后，进行疯狂地自我复制，其中一部分永久地嵌入人类基因组中。在人类演化过程中，特别是在早期人类还没有疫苗和药物，甚至还不知道病毒是什么的时候，彼此之间遵循的只有"适者生存"这一简单而又残酷的法则。由于病毒是真正的"寄生"物，离开了宿主，它自己也没法生存，所以不会把它的宿主、它的"衣食父母"赶尽杀绝。人类作为最高等的动物，也不会那么容易被病毒打败，而是通过免疫系统全面反击病毒的侵害。人类的基因组有成千上万病毒基因的痕迹，而这些病毒基因的频繁变异以及新病毒基因的侵入，无时无刻不在发生着。

病毒无处不在，人类生活在病毒的汪洋大海之中。2011 年，美国科普作家卡尔·齐默（Carl Zimmer）出版了《病毒星球》（*A Planet of Viruses*）一书。书中写道：地球上生命的基因多样性很大一部分蕴藏在病毒之中；人类呼吸的氧气，其中很大一部分是在病毒的帮助下产生的，连地球的温度都与病毒活动息息相关。2021 年，《病毒星球》出了第 3 版，其中有一个章节就专门讲述新冠肺炎（COVID-19）。事实上，病毒不仅仅存在于人类生活的环境里，它已经"钻"入人类的细胞核内。当反转录病毒入侵人类细胞后，它们的核酸插入人类的 DNA 里以实现病毒的寄生和"永生"。通过篡改人类基因蓝图的方式，这些病毒核酸参与到人类细胞的生命活动中。当反转录病毒钻到了生殖细胞里面，它们就跟着人类基因一代代地遗传下去，就变成了前面提到的内源性反转录病毒。而其中的一些来自病毒的基因，对于人类乃至哺乳动物的繁衍至关重要。

2012 年 2 月，齐默在《发现杂志》发表评论性文章《病毒制造了哺乳动物》（Mammals made by viruses）。由于齐默是科普作家，不是搞科研的科学家，他的这篇通俗易懂的评论文章是对 2000 年发表在《自然》杂志上的一篇学术论文的解读。这篇学术论文的题目是《合胞素是一种被捕获的参与人类胎盘形成的反转录病毒包膜蛋白》（Syncytin is a captive retroviral envelope protein involved in human placental morphogenesis）。科学家发现人类胎盘的合胞素（syncytin）和一种叫作三聚体包膜糖蛋白（env）的病毒蛋白质几乎一模一样，制造合胞素的基因正是来自古老的反转录病毒。哺乳动物演化的分水岭就是对合胞素病毒基因的成功捕捉。形象一点来说，我们可以把"胎盘"想象成电脑的"外置硬盘"，很久很久以前，某个反转录病毒侵入了哺乳动物的祖先，然后祖先巧妙地利用了该病毒产生的三聚体包膜糖蛋白所具有的突破宿主防火墙的功能，演化出拥有"访问权限"的外置硬盘（胎盘），也就相当于"外置硬盘变成了内置硬盘"（图2.12）。

中国科学院院士、古生物学家周忠和说，人类要克服自己的傲慢，毕竟人类出现和延续的时间与地球45亿年的年龄相比还不算太长。我们很多时候会以为生命演化总是从简单到复杂，从低级到高级，很多书上也是这么写的，但实际上这是一个误解，总的来说，生命演化没有方向性，更没有目的性。人类演化并非上坡或下坡的直线，虽然在一定的阶段，按照一定的标准，人类会有一些进步，比如文明的进化、技术的进步。但是从总体上来说，人类在一段时间内可能进步，也有可能退步。核酸突变的随机性让我们的演化充满了变数，而我们的生物属性让我们拥有了更多不确定性。

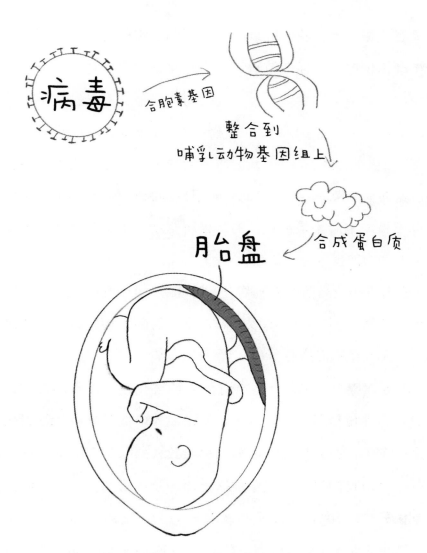

图 2.12　病毒和哺乳动物胎盘的产生

新冠肺炎也让我们清醒地认识到人类的脆弱。各国还说防范核武器、生物武器，试想一下，如果真的有很多人或者很多动物在蓄意传播病毒，我们的世界还有回归正常的可能吗？笔者喜欢看《动物世界》这样的节目，常常感叹动物界的神奇。自然选择理论中的"弱肉强食"，其"弱"与"强"，不仅仅是两个动物间的单打独斗。如果单挑，一头狮子不一定能制服一头非洲野牛，更不用说一只鬣狗了。但是，非洲大陆上每天在上演狮群捕食野牛、鬣狗围猎狮子的惨剧。有一本很畅销的书《自私的基因》说，看似无私的生命体是被自私的基因所驱动，可是这个理论根本解释不了动物捕食行为中的团队精神。

也有人指出当前的新冠肺炎疫情就是一个残酷的"适者生存"的自然选择。不过笔者不敢苟同，我们的国家和社会有责任保护每一个人免受病毒的伤害。

新冠病毒与人的战争，会导致人的进化还是病毒的进化，还是二者的进化与退化兼而有之？如果说人类捕食野生动物跟感染传染病有关，那么新冠病毒感染后导致人的味觉下降甚至丧失就是一个值得我们思考的现象。这里面涉及什么基因，显然值得科学家去研究。2021 年 10 月，《科学》杂志上的一篇文章《象牙偷猎与非洲大象无牙的快速演化》（Ivory poaching and the rapid evolution of tusklessness in African elephants），报道了非洲莫桑比克戈龙戈萨国家公园至少 50% 的母象没有象牙。莫桑比克内战期间，交战双方为了珍贵的象牙而杀死了当地 90% 的大象。在受到良好保护的象群里，没有象牙的大象大约占 2%，这主要是由

X 染色体上的 *AMELX* 基因决定的。那些在战争时期本就没有象牙的母象得以存活并繁衍后代，但是缺少了象牙的大象不能有效地寻找食物、挖坑找水、防卫。这种残酷的自然选择会导致严重的生态灾难。

持久战与进化论

从生物界的历史长河来说，最终谁胜谁负，可能也不是完全以我们人类的意志为转移的。人类在进化，病原微生物也会为了生存而进化。出于对达尔文学说的敬仰，以及笔者毕业于剑桥大学达尔文学院这一原因，最后我再"澄清"一下三个关于进化论的容易误解的问题：

第一，很多人一听到进化论，或许就会想到人类是从猿猴进化而来的。其实根本没有猿猴这种动物，猿、猴分属于不同的科。猿"无尾手长"，而猴"有尾脚长"（图 2.13）。人没有尾巴，显然与猿的关系更近些。图 2.14 的上半部分经常被用来展示进化论，但这并不是说人类是从现代猿猴直接进化来的，就好像我们不能说某人是从他的表哥进化来的。现代智人（*Homo sapiens*）和大猩猩（gorilla）"分家"，这事大约发生在 700 万年前。"智能"这两个字现在通常连在一起说，确实，现代"智"人就是从大约 200 万年前的"能"人（*Homo habilis*）那儿进化来的。美国好莱坞比较钟情黑猩猩，拍出了《猩球崛起》（*Rise of the Planet of the Apes*）和《金刚》

图 2.13 猿猴的"族谱"

（*King Kong*）这样的电影。而我们国家的《西游记》讲述的也是
"猴哥"的故事。其实，跟人类血缘关系最近的动物是猿科中的黑
猩猩，它的基因组与人类的相似度高达 99%，它的聪明才智也可以
和人类幼童媲美。黑猩猩的英文名 chimpanzee，在非洲土语中意指
"小精灵"。黑猩猩主要生存在非洲，而在我国境内生存的大多是
长臂猿（gibbon）。长臂猿善鸣叫，鸣声高亢而大声，这也成就了
诗仙李白的名句"朝辞白帝彩云间，千里江陵一日还。两岸猿声啼

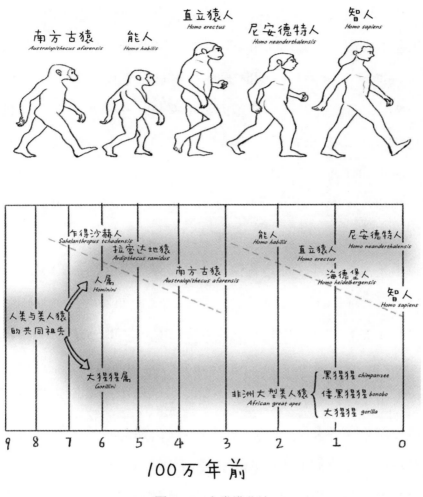

图 2.14 人类进化论

不住，轻舟已过万重山"。而猴科动物的体型一般比较小，当然狒狒（baboon）除外。

第二，尼安德特人（*Homo neanderthalensis*）虽然没有留下后代，但是他们留给当代科学家无限的遐想。科学家们发现尼安德特人在我们现代人类的基因组中留下了"印记"，并且这些古老的"印记"可能有超过 4 万年的历史。2015 年，中国科学院古脊椎动物与古人类研究所付巧妹团队通过对罗马尼亚出土的早期现代人类 DNA 化石研究发现，其基因组中有 4% ～ 6% 的基因来自尼安德特人。这意味着尼安德特人可能曾是早期现代人的祖先之一。而早期现代人大约生活在 4 万年前，所以该团队推测尼安德特人与现代人基因交流应早于 4 万年前。付巧妹团队参与的另一项与尼安德特人有关的研究发现，尼安德特人与现代人的基因交流并不是偶然事件，而是普遍存在且非常频繁的。该研究结果于 2021 年发表在《自然》杂志上，题目为《旧石器时代晚期初始阶段欧洲人类有较近尼安德特人血统》（Initial Upper Palaeolithic humans in Europe had recent Neanderthal ancestry）。虽然尼安德特人由于气候、种族竞争等因素逐渐消失在人类历史长河中，但是想象一下，4 万年前的某一天，在美丽的亚欧大陆上，一名尼安德特人与我们的祖先相遇并擦出爱情的火花，于是从那时起我们人类的基因里便有了他的印记。而这些古老的"印记"在新冠肺炎疫情肆虐的今天可能仍对一些地方的人群具有影响。有学者发现，具有这些古老"印记"的人群在感染新冠病毒后可能发生重症的风险比较高。尽管 2020 年发表在《自然》杂志上的文章《引起重度新冠肺炎的主要基因风险从尼安德特人遗传而来》（The major genetic risk factor for severe COVID-19 is inherited from

Neanderthals），和 2021 年发表在《美国科学院院刊》上的文章《对重度新冠肺炎有保护作用的一个基因片段从尼安德特人遗传而来》（A genomic region associated with protection against severe COVID-19 is inherited from Neandertals）的结论有所不同，但是两者都给我们展示了这些在我们基因组中的 "老古董" 仍还时不时地发挥新作用。所以，在基因层面来说，尼安德特人其实并没有完全消失。

值得一提的是，2022 诺贝尔生理学或医学奖授予了瑞典遗传学家斯万特·佩博（Svante Pääbo），以表彰他在已灭绝人类基因组和人类进化领域的发现（for his discoveries concerning the genomes of extinct hominins and human evolution）。佩博开创了从尼安德特人骨骼中提取、排序和分析古代 DNA 的方法，他在对第一个尼安德特人基因组进行测序后发现智人与尼安德特人杂交时发生了一些看似不可能的事情。通过揭示区分现存人种和已灭绝人种的基因差异，有助于从进化的角度探索我们人类的独特性。佩博的开创性研究让古基因组学有了全新的起点。2014 年，佩博出版了《尼安德特人：寻找失落的基因组》（Neanderthal Man: In Search of Lost Genomes）一书。有趣的是，帕博的父亲苏恩·伯格斯特龙（Sune Bergström）也是诺贝尔生理学或医学奖获得者，他因对前列腺素的研究而于 1982 年获奖。

第三，达尔文引用了马尔萨斯的人口论来解释自然选择理论。

马尔萨斯认为，由于生存空间的有限性、生活资料的缺乏、自然灾害等因素，使得地球上任何一种生物数量的增长都会受到抑制，都会有上限。因此，达尔文认为生物的进化在某些方面也遵循着类似的规律，即生物通过遗传、变异和自然选择进行进化，从低级到高级，从简单到复杂，种类数目也从少到多。物种间相互斗争，相互制约，从而促使物种进化出有利的变异，以保证其种族可以长久繁衍生存下去。这也就是我们现在常听说的"物竞天择，适者生存"。当然，达尔文是一个科学家，他主要在思考物种的起源和进化，并没有直接说出"物竞天择、适者生存"这样残酷的字句。

前世今生的宫廷剧：被天花断后的慈禧太后

　　不仅是欧洲文明，5000 年的中华文明也难以逃脱瘟疫的影响。我国明朝统治近三个世纪，国力强盛，政治文化影响力辐射东亚大片地区。然而在明朝末年，京都有近 60% 的人死于鼠疫。在这场大瘟疫的影响下，明朝逐步衰落走向灭亡。根据 2008 年刊登在央视网的一篇文章《老鼠是压垮明朝"稻草"？李自成攻北京时鼠疫流行》，鼠疫是导致明朝灭亡的重要因素。明清易代之际，因非正常死亡，中国人口减少了四五千万。跟英国王室的故事类似，天花也改变了清朝的命运。清朝早期的康乾盛世，康熙皇帝在位 61 年，乾隆皇帝在位 60 年。乾隆皇帝可能怎么也想不到，在他 1795 年禅位的80 年后（1875 年），出现了光绪皇帝与慈禧太后的组合，清朝慢慢走向衰败。虽然清朝衰败的历史原因众多，笔者认为这跟同治皇帝在年仅十九岁的时候就得天花去世，将皇位传给了跟慈禧太后没有直系血缘关系的光绪皇帝是密不可分的。如果光绪皇帝是慈禧太后的亲儿子或亲孙子，历史应该不会走到那一步。 现在的历史剧和宫廷剧很多，如果这些剧本将来能多穿插一些疫情的描述和分析，应该能更加有效地提高公众对传染病的科学认识。

第 **3** 章

疫苗变局：被疫情点燃的疫苗技术革新

- ◆ 致敬前辈，疫苗先驱和传染病"先烈"

- ◆ 守正创新，鸡蛋里面孵出"金凤凰"

- ◆ 一鸣惊人，从冷板凳上起飞的核酸疫苗

- ◆ 一决高下，让人眼花缭乱的疫苗效率

- ◆ 前世今生的大难题：病毒疫苗和癌症疫苗的车轮战

　　疫苗的哲学思路，说简单了就是"知己知彼"。在真的病毒攻入人体之前，我们将长得像病毒但其实并不那么"毒"的疫苗导入人体，让人体的免疫系统记住敌人的样子，做到"知彼"。这样，等下次敌人真的来了，免疫系统能迅速动员起来，精准打击。最早的疫苗就是病毒或细菌本身，比如用毒性较弱的病毒制成的减毒疫苗，用物理或化学方法将病毒杀死后制成的灭活疫苗。

致敬前辈，疫苗先驱和传染病 "先烈"

疫苗与天花的消灭

天花的英文是 small pox，其中 pox 是 "痘" 的意思，这种带病字头的词，是不会让人联想到 "天女散花" 那样的美景的。事实上，天花病毒是一种烈性传染病毒，毒性非常强。在前面的章节已介绍过天花对皇朝或王朝产生的影响，天花也催生了人类的第一种疫苗。

木乃伊上的皮肤疤痕证明天花这一起源尚不明确的疾病至少在公元前 3 世纪便出现在古埃及，而最早的文字描述则来自公元 4 世纪的我国晋代著名医学家葛洪的著作《肘后救卒方》。从那之后，有大夫观察到，曾经感染过天花且存活下来的人不会再次患病，因此推断主动接触天花或许是阻断疾病广泛传播的良方。据史书记载，中国古代针对天花的原始版疫苗，用的是 "人痘"，原料就是来自天花患者身上的病毒。中国是最早能够应对天花的国家。清代名医朱纯嘏的《痘疹定论》中记载，宋真宗年间，宰相王旦的几个子女陆续死于天花，于是他请来各地名医帮余下的孩子（王素）预防天花。一名住在峨眉山的神医将天花患者的痘痂取下磨成细末，吹进王素的鼻孔，成功地预防了天花，这就是后来流传的人痘接种术。人痘接种术用毒性较低的天花病毒让人轻度感染后产生抗体，这一技术正是现代免疫学的起源。据说清朝康熙皇帝的父亲顺治皇帝死于天花，所以康熙皇帝在全国全面普及人痘接种术。

后来，人痘接种术通过丝绸之路传到了国外。1718 年，英国驻土耳其大使夫人玛丽·沃特利·蒙塔古（Mary Wortley Montagu）在土耳其生活期间了解到这种免疫方法，并将这一方法带到了欧洲。接受人痘接种术预防的人有 1% ~ 2% 会因接种而感染天花甚至死亡，尽管这远低于原来约 30% 的死亡率，但仍有部分人以此为由拒绝接种，这其中就包括美国开国元勋本杰明·富兰克林（Benjamin Franklin），而他最小的儿子就是因为感染天花死亡的。当时有人认为接种是对人与上帝自然关系的 "非自然" 干预，时至今日，"疫苗犹豫" 在美国依然很严重。

本没有天花的人接种人痘后致死率高达 1% ~ 2%，这确实有点难以接受。而且，人痘的来源也非常有限，并不能满足疫情发生时的防疫需求。18 世纪末的英国民间流传着挤牛奶的女工较其他人更不容易感染天花的故事，英国医生爱德华·詹纳（Edward

Jenner）据此设想或许能够利用这种毒性较低的牛痘让人类远离天花。

根据英国广播公司（BBC）《历史人物》专栏记载，1796 年，詹纳在八岁儿童詹姆斯·菲普斯（James Phipps）身上进行了一个人体实验。詹纳将牛痘注入菲普斯体内，然后再将天花病毒注入他的体内，一个惊人的发现诞生了：牛痘使人体对天花产生了免疫！1798 年，该实验结果公之于世，"疫苗"的英文单词"vaccine"也随之出现，它的词源来自奶牛的拉丁文 vacca。詹纳也因疫苗这一伟大发明而被后人称为"免疫学之父"，他发明的牛痘疫苗于 1805 年传入中国，因为接种牛痘比接种人痘安全，因而逐渐取代了接种人痘的古老方法。

1967 年，世界卫生组织发起全球消灭天花计划。在人类的努力下，天花病毒成为人类历史上第一种被消灭的烈性传染病病毒，1980 年 5 月，世界卫生组织宣布天花被灭绝。2021 年 8 月，一篇题为《新冠肺炎："清零"是否可能？有无先例可循？》的文章指出，确定一种传染病是否被根除，除了全球永久性零感染率，还有四个基本要素：（1）病症是否容易被识别或确诊？当未接种疫苗的人感染天花病毒时，疾病会迅速发作。而且，与麻风病或性传播疾病相比，天花的污名化不严重，很少有病人会隐瞒病情。（2）是否存在病原体自然宿主或非人类媒介（或两者皆有）？如果某个传染病是人畜共患病，那么即使消除了病原体的人际传播，这种病原体能潜伏于自然宿主或野生动物媒介，从动物跳回人类导致疫情死灰复燃只是时间问题。而天花人痘只在人与人之间传播，动物不会感染天花人痘。（3）是否有疫苗？是否有其他阻遏传播的方式？疫苗接种对防控疾病流行至关重要。天花病毒不容易突变，因此使用了上百年的天花疫苗还继续有效。（4）是否有地域制约？一些局限于特定地区的传染病，例如，可以致残的麦地那龙线虫病几近被根除，难以全球传播，其地域局限是一个重要因素。

疫苗跟药物还是有很大差别的。药物针对的是病人，而疫苗针对的是健康人，是防患于未然。不少致命传染病先后在大规模接种疫苗和医疗技术发展的碾压下败退，疫苗除了在对抗天花时取得巨大成功，在对抗脊髓灰质炎（以下简称"脊灰病"）和宫颈癌中也发挥巨大作用。

疫苗与即将被消灭的脊灰病

脊灰病，俗称小儿麻痹症，无论是哪个名字，听了都让人头皮发麻。脊灰病虽然不如天花那么致命，但大概率会导致无法反转的终身残疾，最常见的便是肢体畸形。脊灰病的另一个险恶之处是感染后一般没有感冒发烧或斑疹、水疱那些显而易见的外部症状，属于隐形杀手。脊髓灰质炎病毒（以下简称"脊灰病毒"）是"病从口入"，在患者肠道繁殖后进入血液系统，可侵入神经系统，攻击脊髓前角运动神经元，造成瘫痪。与通过呼吸道传播的新冠病毒相比，从口腔传入的病毒的防控方式截然不同。预防通过呼吸道传播的病毒，在人群中我们可以戴口罩，在没人的地方我们可以摘下口罩自由呼吸；而预防从口腔传入的病毒，由于我们总得吃东西，因此要注意食品卫生，特别注意生食（如色拉、生鱼片等）的卫生。

1955 年 4 月，美国发布了脊灰病疫苗成功的消息。这款以灭活的脊灰病毒制成的疫苗，由乔纳斯·索尔克（Jonas Salk）领衔开发。发布会结束 10 天后，索尔克一家收到了时任美国总统德怀特·艾森豪威尔（Dwight Eisenhower）的接见，可见当时这一发明在美国受重视的程度。索尔克不仅是伟大的科学家，还是伟大的人类学家，他宣布该疫苗不申请专利，配方将开放给任何有需要的国家，相比之下，当今给新冠疫苗申请专利的机构实在应该觉得羞愧。

其实，脊灰病疫苗的基础科学研究在 1955 年之前就开始了。1949 年，微生物学家约翰·恩德斯（John Enders）、病毒学家托马斯·韦勒（Thomas Weller）、内科医生弗雷德里克·罗宾斯（Frederick Robbins）一起研究出一种在人组织上培养脊灰病毒的方法。此方法为病毒研究者提供了一个分离和研究病毒的实用工具。他们三人共同获得了 1954 年诺贝尔生理学或医学奖。1999 年，《时代》杂志评选 20 世纪最重要的科学家和思想家，索尔克与爱因斯坦、弗洛伊德等一起被印在了《时代》杂志的封面上，但是索尔克并没有获得诺贝尔奖，美国科学院院士名单里面也没有他。

　　脊灰病疫苗的另一个重大突破是由肌肉注射改为口服。在我国被广泛使用的口服脊灰减毒活疫苗（糖丸），最早是由美国病毒学家艾伯特·萨宾（Albert Sabin）研制成功的。萨宾于 1961 年取得重大突破，将接种方式由注射改为口服。在今天，我们可能觉得给小孩打一针也没什么。但是在那个年代，针管的消毒等潜在问题还是让家长非常顾虑的。口服疫苗出现后，欧美脊灰病病例显著减少。1956 年，苏联病毒学家米哈伊尔·丘马可夫（Mikhail Chumakov）率队赴美考察，随后邀请萨宾回访苏联，并引入了这种糖丸。我国病毒学家顾方舟早年留学苏联，师从丘马可夫，于 1960 年从苏联将糖丸引入我国。这种粉红色的小糖丸在全国普及后，我国脊灰病发病率骤减。小小的糖丸疫苗以及相应的治疗，避免了几千万人致残，避免了几百万人致死。不过，在脊灰病疫苗的研发道路上也付出过高昂的代价。1955 年，美国卡特实验室（Cutter Laboratories）生产的灭活疫苗，因病毒没有与福尔马林充分接触而未被完全灭活，导致 200 名儿童接种后染病，大部分出现终身残疾，还有 10 人死亡。

　　1988 年，世界卫生组织推出全球消灭脊灰病行动。美国率先于 1994 年被世界卫生组织证实消灭了脊灰病；2000 年，"中国消灭脊髓灰质炎证实报告签字仪式"在北京举行，顾方舟作为代表签名，我国成为无脊灰病国家，早于欧洲的 2002 年和东南亚的

2014 年。如今脊灰病已罕见，可能会成为继天花后被人类彻底根除的第二种病毒病。

笔者从小在南方长大，住的地方阴冷潮湿，上初中的时候就出现了双腿突然不能走路的情况，送到当地县城医院，通过针灸加中药治疗，才慢慢康复。后来到干燥的北京读书，不仅让我学习了医学知识，也渐渐治好了我的腿病。当时我在医院实习的时候，还是念念不忘这事，请医生给我做了医学影像等系统检测。可是，基于西医的医学影像是检测不出中医理论中的湿气及其产生的微观变化的。我还清楚地记得，当时医生在我的诊断证明上写着"小儿麻痹后遗症"，想起来有点哭笑不得。

疫苗与宫颈癌病毒

最后提一下女性比较关注的人乳头瘤病毒（human papilloma virus，HPV），这是一种无包膜的双链 DNA 病毒。首次发现 HPV 感染导致女性患宫颈癌的德国科学家哈拉尔德·楚尔·豪森（Harald zur Hausen），获得了 2008 年诺贝尔生理学或医学奖。目前，针对 HPV 病毒检测的方法主要为核酸检测法。样本的采集通常是在宫颈和阴道刷取宫颈脱落细胞，然后利用 PCR 技术对 HPV 的 DNA 片段进行分析以确定其分型。大多数成年女性在一生中都曾感染 HPV，至于感染什么类型的 HPV，不同地区的 HPV 基因型差异很大，因此患宫颈癌的风险自然有所不同。已知的 HPV 基因型有 200 多种，其中至少 14 种基因型与宫颈癌密切相关，部分基因型的 HPV 可导致与癌变相关的细胞永生化和恶性转化，如 16 型（HPV-16）、18 型（HPV-18）等。从全球范围来看，70% 的侵袭性宫颈癌由 HPV-16 和 HPV-18 引起，其中 HPV-16 诱发癌变的风险最大。目前市面上所使用的四价、九价疫苗就是根据其可预防 HPV 基因型的数量而定名的。

目前，针对宫颈癌的有效方式是接种 HPV 疫苗以及筛查，全球首个 HPV 疫苗于 2006 年获批上市。中国分别在 2016 年、2017 年、2018 年批准葛兰素史克的二价疫苗、默克的四价疫苗和九价疫苗上市。我国自主研发的 HPV 疫苗已通过世界卫生组织的 PQ 认证。世界卫生组织推荐 9—14 岁女性作为首要 HPV 疫苗接种对象，因为年龄越小，疫苗的免疫应答越好。同时 15—45 岁女性是第二优先接种人群，也应该尽早接种，避免 HPV 感染。

致敬汤飞凡

汤飞凡是新中国第一代医学病毒学家。他的主要贡献有：建立中国第一支防疫队伍，让中国有了自己的青霉素、狂犬疫苗、白喉疫苗、牛痘疫苗、卡介苗、丙种球蛋白和世界首支斑疹伤寒疫苗。1955 年，他首次分离出沙眼衣原体，是世界上发现重要病原体的第一个中国人。很多人说，他曾经是中国最接近诺贝尔奖的人。

1897 年，汤飞凡出生于湖南醴陵。从小在家乡看到穷苦农民贫病交加，他立志学医，振兴中国的医学。1914 年，湖南湘雅医学院首届招生，汤飞凡被录取。1925 年，汤飞凡被选派到哈佛大学医学院细菌学系深造，师从著名细菌学家汉斯·津瑟（Hans Zinsser）。1929 年，湘雅医学院的创院院长、时任国立中央大学医学院（今复旦大学上海医学院前身）院长颜福庆邀请汤飞凡回国出任细菌学系主任。抗日战争期间，汤飞凡在昆明出任中央防疫处处长，创立了中国微生物学研究基地。

1949 年底到 1950 年初，华北地区暴发大规模鼠疫，而刚刚成立的新中国却根本没有鼠疫疫苗，从苏联进口的药物也很稀缺，汤飞凡领导一个科研小组用两个多月就赶制出国产的鼠疫减毒活疫苗，成功遏制了一场可能对新中国造成毁灭性打击的严重传染病。

1954 年，当一切步入正轨后，汤飞凡继续拾起了沙眼病原体的研究。当时国际上常用的分离方法无法成功得到致病病毒。于是，他摒弃前人的经验，自创鸡卵黄囊分离病毒法，在多次实验后取得了成功。为了证明分离出来的病原体能够引起人类的沙眼，他将沙眼病原体滴入自己的眼睛，在出现了明显的沙眼临床症状后长达 40 天的时间里，他坚持不做任何治疗，直至从自己眼里分离培养的沙眼病毒的致病性确定无疑。正是汤飞凡的发现让人们准确找到了治疗沙眼的药物，短短两年时间，危害全球的沙眼发病率从 95% 骤然降低到 10% 以下。1980 年，国际眼科防治组织向中国眼科学会寄来一封短函，邀请汤飞凡参加国际眼科学大会，为他颁发"沙眼金质奖章"，该组织还打算将汤飞凡推荐给诺贝尔委员会。遗憾的是，此时汤飞凡已故去20多年。汤飞凡被誉为"中国疫苗之父"（图3.1），实至名归。

图3.1　致敬汤飞凡

致敬伍连德

笔者虽然为剑桥大学的求学经历感到自豪，但是当我知道第一个进入剑桥大学的华裔在24岁时就拿到剑桥大学本科、硕士、博士学位时，不禁十分汗颜。汗颜之后，肃然起敬。当然，肃然起敬并不完全因为他是学霸，更重要的因为他是一个公共卫生事业的实干家。他就是伍连德（Wu Lien-teh）。根据联合国教科文组织中文网站上发布的《丝绸之路上疾病的传播：鼠疫》一文记载，人类历史上，有三次鼠疫大暴发，其中最著名及规模最大的一次暴发是第二次，当时被命名为"黑死病"。在这篇文章中没有细说的第三次鼠疫大流行，首次报道于清朝末期的云南地区，而后（1910 年 10 月末至 1911 年 4 月中旬）在东北地区引起大流行，伍连德就在这场"东北鼠疫"大战中立下了奇功。

《中华人民共和国传染病防治法》将传染病分为甲、乙、丙三类，覆盖了所有常见传染病。无数让人闻之色变的疾病，如艾滋病、梅毒、血吸虫病、炭疽、肺结核、伤寒和副伤寒、狂犬病、病毒性肝炎、疟疾等，都归于乙类传染病。危害最大的甲类传染病始终只有两种：鼠疫和霍乱。霍乱在英国曾为害不浅，要了不少人的性命，现在已经不常见，只是不时地出现一些零散病例。而传染病领域的"一号病"就是鼠疫。虽然说"过街老鼠，人人喊打"，但不要说 100 年前，就算在今天，要消灭过街老鼠也不是那么容易的事情。而伍连德的智慧之处在于，他没有只盯住传染源（老鼠）不放，而是加强了对易感人群的保护（戴口罩）。

1896 年，17 岁的伍连德获得维多利亚女王奖学金，赴剑桥大学学习。至 1903 年，伍连德 7 年时间拿下五个学位，其间师从诺贝尔奖获得者伊拉·梅契尼科夫（Elie Metchnikoff）和弗雷德里克·霍普金斯（Frederick Hopkins）。1907 年，28 岁的伍连德来到中国担任天津陆军军医学堂副监督。1910 年至 1911 年间，东北地区发生严重的人传人肺鼠疫，数万居民染病死亡。

时年 31 岁的伍连德临危受命北上，以东三省防鼠疫全权总医官的身份，在短短四个月内把这场鼠疫控制下来，从此赢得了"鼠疫斗士"的美名。1913 年，他在《柳叶刀》发表论文《蒙古旱獭与鼠疫关系的调查》［Investigations into the relationship of the tarbagan（*mongolian marmot*）to plague］，这也是中国历史上华人首次在国际期刊上发文。伍连德专注于中国医学的发展，曾担任中华医学会会长，亲手创建了北京中央医院（即今日的北京大学人民医院），并担任首任院长。作为中方代表，他曾陪同并说服洛克菲勒基金会考察人员，建立了协和医学院和协和医院。

　　1937 年，日本侵华战争全面爆发。伍连德在上海主持防疫工作，日军飞机炸毁了他在上海的寓所，妻子黄淑琼去世。他被迫离开中国，回到马来西亚槟榔屿，成为一名医生。1959 年，伍连德的英文自传《瘟疫战士：一名现代中国医师的自传》（*Plague Fighter: The Autobiography of a Modern Chinese Physician*）出版。1960 年 1 月 21 日，伍连德因心脏病在槟榔屿逝世。诺贝尔委员会公布 1901—1951 年所有获得提名的科学家。在生理学或医学奖中，只有伍连德一名中国人的名字出现。1935 年，诺贝尔生理学或医学奖提名伍连德，提名理由是"研究肺鼠疫，尤其是发现旱獭在其传播中所起的作用"（Work on pneumonic plague and especially the discovery of the role played by the tarbagan in its transmission）。剑桥首位华人校友，国士无双伍连德（图 3.2）。

2020 年 3 月 10 日，谷歌搜索引擎首页的主人公就是伍连德。照片中的主人公不仅扑灭了 110 年前的中国东北鼠疫，并且还发明了"伍氏口罩"，被后世广泛认为是 N95 口罩的前身。

国士无双
伍连德
Dr.Wu Lien-teh
(1879—1960)

图 3.2　致敬伍连德

估计现在很多人（大多数医学生除外）看见老鼠就害怕，应该很难想象老鼠还曾经在历史上翻起那么大的风浪。2020 年上半年，笔者在波士顿家中发现了老鼠。由于疫情，人的活动减少了，动物的活动增多了。为了消灭老鼠，我去商店买了老鼠夹和老鼠贴。后来成功地消灭了家中的老鼠。那段时间我坚持运动，两个月体重降低不少。虽然公共卫生领域一直提倡"管住嘴、迈开腿"的健康生活方式，但是真正想做到却很难。后来我讲学的时候还以我的这个"灭鼠"经历强调"管住嘴、迈开腿"的重要性。我说：老鼠没有"管住嘴"，所以被老鼠夹给夹住了；老鼠被老鼠贴粘住，所以就迈不开腿，也就坐以待毙了。从这个意义上来说，一点点灭鼠经历还真的促进了我个人的健康。

守正创新，鸡蛋里面孵出"金凤凰"

简单来说，新冠疫苗的研发路线可根据用于制备疫苗的成分和技术分为传统路线和基因工程路线。传统路线是将病毒在鸡蛋里面"培育"出来，然后经过"减毒"或"灭活"，再注入人体。传统疫苗使用广泛而且有很多成功的经验，例如狂犬病灭活疫苗。我国率先开发出来的几款新冠疫苗（科兴疫苗、国药疫苗）都是灭活疫苗。这类疫苗的研发和生产相对成熟，有很好的基础和经验积累。在工厂里大量培育活的新冠病毒颗粒，然后用特殊的化学物质（比如 β - 丙内酯）加以处理，破坏病毒的生物学活性，把这些已经没有复制和致病能力的病毒"尸体"注射到人体中，激发针对新冠病毒的免疫反应和免疫记忆。

不过，现在一般不再用鸡蛋来孵化病毒，而是使用非洲绿猴肾细胞（Vero 细胞系）对病毒进行扩增。然后，利用 β - 丙内酯烷基化作用改变病毒核酸结构，使病毒失去复制能力，从而达到灭活的目的。最后，将灭活的病毒浓缩纯化，与可以辅助抗原应答、调节免疫反应强度和类型的铝佐剂等辅料混合，制成疫苗。铝佐剂是迄今为止使用最广泛的人用疫苗佐剂，有着近百年的使用历史。但是，单独一针铝佐剂灭活疫苗能提供的刺激时间可能不够充足，导致目前没有任何一款铝佐剂灭活疫苗能够实现单针免疫。同时，灭活病毒的表面蛋白抗原会遭到一定破坏，使得疫苗的免疫原性比活病毒有所降低，因此一般要注射双针或三针灭活疫苗。既然被灭活了，那么疫苗是非常稳定的，在 2~8℃ 的储运条件下可保存两到三年，这非常利于在发展中国家推广使用。

2020 年 9 月，陈薇院士在北京中关村论坛上指出，基因工程疫苗是新一代技术，是我国今后需要大力发展的朝阳技术。一旦病毒产生变异、影响保护效果的时候，我们可以用现在的疫苗作为基础免疫，通过基因工程很快地做一个针对性更强的疫苗用来加强免疫，就像是给软件升级打补丁一样。这也是世界上这么多国家都在做基因工程疫苗的原因。

笔者于 2020 年 11 月，在我国疫苗还没有正式全面推广之前，就到中国人民解放军军事医学科学院注射了这种腺病毒载体疫苗。打完疫苗的第二天确实有了类似感冒的不舒服症状，不过休息一天就扛过去了。2021 年 2 月我国首个腺病毒载体新冠疫苗获批附条件上市。腺病毒作为天然存在的递送系统，开发使用难度不大，但它也有一个问题：人类社会中很大比例的人或早或晚都已经被腺病毒感染过，这样一来很多人已经带有对这类病毒的"预存免疫"。再打腺病毒载体疫苗的话，可能还没等递送系统把编码刺突蛋白的 RNA 送入人体细胞，这些载体就已经在第一时间被人体免疫系统消灭了。

世界卫生组织批准紧急使用的第一款疫苗，是由英国的阿斯利康公司（以下简称"阿斯利康"）和牛津大学联合研发的，也是腺病毒载体疫苗。为了避免"预存免疫"，阿斯利康 / 牛津大学疫苗采用了黑猩猩腺病毒为疫苗载体。2020 年初，新冠肺炎疫情席卷欧洲后，在比尔及梅琳达·盖茨基金会与英国政府的鼓励下，牛津大学与阿斯利康达成协议，一起发挥新冠疫苗的研发优势，迅速 "改造" 出了以 ChAdOx1 为载体的新冠疫苗。在美国，以生产婴儿用品著名的强生公司也推出了腺病毒载体疫苗。由此，腺病毒载体疫苗，成为唯一一款在中、美、英、俄被广泛使用的疫苗。

前面提到疫苗研制路线是简单地把疫苗分为传统疫苗路线与现代化的基因工程路线。世界卫生组织以疫苗的组成成分为依据，从略微不同的角度将疫苗技术分为三种方法：（1）使用整个病毒或细菌的"全微生物法"；（2）仅使用触发免疫系统的微生物组成部分的"亚单位法"；（3）仅使用提供制造特定蛋白质指令的遗传材料的"核酸疫苗法"。按照这种分类方法，上述的腺病毒载体疫苗属于"全微生物法"。除了这两种分类，《自然》杂志的一篇文章还将疫苗的技术路线分为四大类（图 3.3）。跟世界卫生组织的三大类分类方法相比，这种分类法将使用类似腺病毒载体的疫苗单独归为一大类，并进一步分为"非复制型病毒载体"

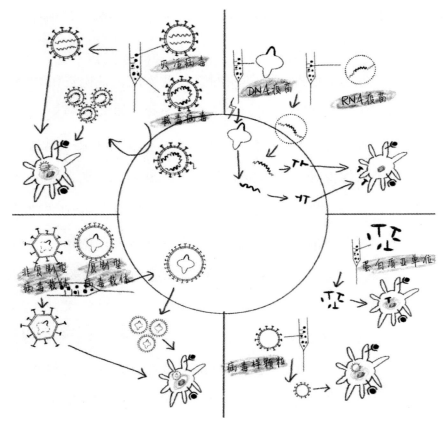

图 3.3　疫苗的技术路线

和"复制型病毒载体"。关于疫苗的有效性，一篇在线文章《有些疫苗终生有效。为什么新冠疫苗却不能》（Some vaccines last a lifetime. Here's why COVID-19 shots don't）提到了三个原因：第一，新冠病毒会感染上呼吸道。人体的下呼吸道有抗体，但是鼻孔表面没有，因此我们接种疫苗可以避免重症，但是无法抵御上呼吸道的少量病毒。第二，新冠病毒会不断变异，并已经发展出多种变异株。引起麻疹、腮腺炎、水痘等传染病的病毒几乎不会变异。第三，就是关于非复制型病毒载体和复制型病毒载体。效果最好的疫苗通常都是使用复制型病毒，这种疫苗能够诱发终身免疫力，例如，麻疹疫苗及水痘疫苗，都是使用复制型病毒。非复制型疫苗或者蛋白质疫苗（又称重组蛋白疫苗），例如，破伤风疫苗，诱发的免疫力就没有这么久，需要通过加入佐剂来放大疫苗的反应，加强疫苗的保护效力。

对于我们普通大众来说，我们或许只想知道"结果"（疫苗的安全性和有效性），不想琢磨过程（疫苗的技术路线）。不过，了解一点常识，还是有必要的。比如说，打了疫苗之后再去做抗体检测并且显示阳性结果，那么这是疫苗造成的还是真的感染了新冠病毒呢？如果是蛋白质亚单位疫苗和核酸疫苗，回答这个问题就简单多了。2021 年 4 月 16 日，中国驻洛杉矶总领事馆官网发布《已接种疫苗人员赴华检测及申请健康码安排》的通知指出：接种非灭活疫苗后，S 蛋白 IgM 抗体检测可能出现阳性结果。为区分出现阳性是由于疫苗接种还是感染所致，已完成非灭活疫苗接种的人员除了如实填写接种情况和口头向采样人员明示并出示接种凭证，检测机构可以在 S 蛋白 IgM 抗体为阳性时自动加测 N 蛋白 IgM 抗体。如果 N 蛋白 IgM 抗体是阴性，那么就可以确认前面的 S 蛋白 IgM 抗体阳性是疫苗（而不是新冠病毒感染）导致的，因为完整的新冠病毒感染会让 N 蛋白和 S 蛋白的 IgM 都呈现阳性。

由于灭活病毒用的就是完整病毒，所以不能用上述"加测 N 蛋白 IgM 抗体"的方法来区分一个阳性结果是因疫苗接种还是感染所致。另外，核酸疫苗中的核酸，在体内一般只停留 1~3 天。灭活疫苗由野生病毒经过培养、灭活等工艺制备而得，虽然失去致病性，但仍保留了相对完整的核酸片段。2021 年 9 月印发的《全员新型冠状病毒核酸检测组织实施指南（第二版）》规定：被采样人员采样前 48 小时不能接种新冠病毒疫苗。

一鸣惊人，从冷板凳上起飞的核酸疫苗

疫苗之所以会刺激机体免疫系统产生抗体，主要是因为疫苗中的蛋白质（抗原）在起作用。减毒疫苗或灭活疫苗中含有大量庞杂的蛋白质抗原，但是只有一小部分抗原能诱导免疫系统产生能特异性中和病毒等病原体的抗体。基因工程技术催生了成分比较简单的疫苗，比如亚单位基因工程疫苗，通常只含有一种蛋白质或多肽片段，这样更有针对性，安全性和有效性也会有所提升。既然蛋白质可以作为疫苗，那么如果将某种病毒蛋白的 mRNA 注射到机体内，是不是就能借助细胞的蛋白合成系统来合成病毒蛋白，进而行使疫苗的功能呢？正是这样的科学"天问"，催生了核酸疫苗。一般来说，核酸疫苗中的核酸是指 RNA，而不是 DNA，毕竟大部分病毒（包括新冠病毒）里面只有 RNA。接下来主要介绍基于 RNA 的疫苗，稍后会提到基于 DNA 的疫苗。

长期以来，科学家们都在设想把体外人工合成的 mRNA 导入细胞内，从而借助体内蛋白合成系统的组建和运行来合成外源蛋白质。但是，这个理论上看似简单的事情其实并不好实现。这主要是因为用单链 mRNA 做疫苗至少有三大缺陷：稳定性差、体内效率低下、激发机体先天免疫系统过度反应。同时，mRNA 分子较大，远大于允许自由扩散进入细胞的分子，而且 mRNA 上密集的负电荷也使得它无法突破细胞膜屏障，因此，需要有合适的递送载体将它递送至体内。而递送技术是限制 mRNA 疫苗发展的一大瓶颈。在过去许多年中，mRNA 疫苗研发一直"坐冷板凳"。

2021 年 9 月，《自然》杂志发表特评《mRNA 疫苗的纠结历史》（The tangled history of mRNA vaccines）。这篇特评的开篇写道：1987 年底，罗伯特·马隆（Robert Malone）做了一个足以载入史册的实验。他将一段 mRNA 链和脂滴混合在一起，做了一道 "分子乱炖"，人体细胞吸收了"乱炖"之后的 mRNA，并能用其合成蛋白质。马隆当时正在美国加州索尔克（Salk）生物研究所读研究生，他知道他所取得的这些结果将会对医学产生深远影响，他将结果记录下来并签上了名字和日期。在 1988 年 1 月 11 日的笔记上，他写道，如果递送到细胞内部的 mRNA 能被细胞用于合成蛋白质，RNA 就可以用作药物。索尔克实验室的另一名同事也在笔记上签名作了见证。同年末，马隆通过实验证实青蛙胚胎也能吸收"乱炖"后的 mRNA，这是 mRNA 第一次在脂滴的协助下顺利进入一种活的生物体内。基于这些实验，人类历史上最重要也最赚钱的疫苗诞生了，新冠 mRNA 疫苗在全球已完成数亿剂接种，且仅 2021 年，其全球销量就达到 500 亿美元。马隆的实验离不开前人的工作，但马隆的实验也并不完善。在其实验之后的很多年里，都认为 mRNA 用作药物或疫苗太不稳定，而且成本太高。数十家研究实验室和公司尝试应用 mRNA，但都无法找到脂质与核酸的完美配比（核酸是 mRNA 疫苗的基本成分）。如今，mRNA 疫苗使用的很多新技术都是在马隆完成研究多年后发明出来的，这其中包括 RNA 的化学修饰和帮助 RNA 进入细胞的各种脂滴类型。不过，自诩 "mRNA 疫苗发明者" 的马隆依然认为自己的贡献被忽略了。他对《自然》杂志表示，"历史把我遗忘了。"

mRNA 疫苗巨大潜力的背后是数百名研究人员 30 多年工作成果的积累。虽然核酸疫苗没有获得 2021 年的诺贝尔奖，但是科学界认为那一天终将会到来，并且呼声最高的候选人是匈牙利裔生物学家卡塔林·考里科（Katalin Karikó）和美国免疫学家德鲁·韦斯曼（Drew Weissman）。

这两个人于 2005 年在《免疫学》杂志发表了一篇核酸疫苗研究领域划时代的文章《Toll 样受体对 RNA 识别的抑制：核苷修饰的影响和 RNA 的进化起源》（Suppression of RNA recognition by Toll-like receptors: The impact of nucleoside modification and the evolutionary origin of RNA） 。在这篇论文中，考里科和韦斯曼介绍了 mRNA 中一些天然核苷酸是造成机体不良免疫反应的重要因素，他们将某个 mRNA 中引发不良免疫反应的核苷酸一一找到，然后用人工合成的核苷酸替换，不良免疫反应明显减弱，这项研究为后续 mRNA 疫苗的开发奠定了关键基础。2020 年 12 月 18 日，澎湃新闻网以《中年失业、患癌，她用四十年逆袭拯救全人类，还培养了一个奥运冠军》为题，介绍了考里科，从中我们可以看到核酸疫苗研发的艰辛之路。

2010 年，哈佛大学助理教授德里克·罗西（Derrick Rossi）成立了莫德纳公司，应用 mRNA 开发疫苗和药物。他坦诚自己对 RNA 疫苗研发的信息和灵感来自 2005 年考里科和韦斯曼发表的文章。同年，考里科也将技术转让给德国的 BioNTech。正是这两家公司，研发出了针对新冠病毒的 mRNA 疫苗。mRNA 疫苗研发的成功，让当时还蜗居在德国美因茨大学校园内的一家小公司如今的市值超过了德意志银行。可喜的是，考里科这次并没有坐冷板凳，2013 年，她加入了 BioNTech，担任该公司的副总裁。得益于考里科的加盟，BioNTech 在 RNA 疗法方面突飞猛进，先后开发出一系列与 RNA 疫苗相关的关键技术，包括如何让 RNA 疫苗更稳定，更容易被递送到目标组织和细胞等。2018 年，BioNTech 与辉瑞（Pfizer）公司联合开发一种针对流感病毒的 RNA 疫苗，并进入了人体临床试验，这为两家公司进一步合作开发 RNA 新冠疫苗奠定了基础。

辉瑞公司与 BioNTech 合作研发的 mRNA 疫苗，也是世界卫生组织批准紧急授权使用的第一款核酸疫苗。这款疫苗的瓶子标签上写的是 "Pfizer-BioNTech COVID-19 Vaccine"，所以我们同样不要忽略了 BioNTech。

BioNTech 的两个联合创始人是一对夫妻，丈夫名叫吴沙忻（Uğur Şahin），妻子名叫图勒奇（Özlem Türeci）。据说他们在婚礼结束的当天就与同为宾客的研究团队一起回到实验室工作，可见他们对科研的热爱。2020 年 11 月 8 日，当辉瑞公司执行长艾伯特·布拉（Albert Bourla）告知这对夫妇 BioNTech 疫苗有90% 以上的保护力的时候，两人兴奋地以红茶代酒庆祝。当很多人用"美国辉瑞疫苗"称呼新冠 mRNA 疫苗的时候，我们不要忘了它的核心技术来自 BioNTech，不要忘了这些真心热爱自己的事业、百折不挠的科学人。

莫德纳公司英文名 Moderna 是"修改"（modify）和"核酸"（RNA）两个单词的组装，如果去掉最后一个字母 a，就变成了"摩登"（Modern），实在是难得的好名字。该公司在纳斯达克股市上使用的股票代码是"MRNA"，既是公司的缩写，又是"信使RNA"的缩写，真是绝了。其实，我们也不要把类似这样的生物公司的成功完全归结于新冠肺炎疫情带来的刚性需求和难得的发展机遇。莫德纳公司在 2018 年上市的时候，就以 70 亿美元成了美国股市历史上估值最高的生物科技公司。

直接递送 RNA 很不稳定，动用腺病毒又有潜在的"免疫预存"问题，那么把比较稳定的 DNA 送入人体细胞是不是可行？全球首个面向人类的 DNA 疫苗在印度获批，但似乎没有掀起什么波澜，应该是疫苗的有效性不尽如人意。DNA 疫苗的挑战在于它们需要直达细胞核，而 mRNA 只需抵达细胞质，因此，有很长一段时间，DNA 疫苗无法在临床试验中诱导强效的免疫应答。正是出于这个原因，DNA 疫苗以前只获准在马等动物中使用。印度开发的这款 DNA 疫苗能在无须注射的情况下进入皮肤，而不是肌肉组织深处。皮肤下的区域有大量吞噬并处置外源物质（如病毒颗粒）的免疫细胞，捕获 DNA 的效率比肌肉高很多。DNA 疫苗虽然没能在新冠肺炎疫情防控中大显身手，但是 DNA 疫苗有望成为抗癌疫苗，这是因为 DNA 可储存大量信息，因此能编码复杂的大蛋白，甚至能编码多种蛋白。

mRNA 疫苗被全球知名科技媒体《麻省理工科技评论》评为"2021 年全球十大突破性技术"，并荣登榜首。其重大意义在于：mRNA 新冠疫苗此前从未投入临床应用，一出道就登顶，对新冠肺炎的保护力高达 95%。并且这或许仅仅是一个开始，mRNA 技术可能带来医药领域的一系列巨大变革。

一决高下，让人眼花缭乱的疫苗效率

无论是药物还是疫苗，都是"人命关天"。一旦经过有关部门审批通过，投入市场，必须要保证其安全性和有效性。药物用于疾病的治疗，有时候即使药物很有可能无效甚至有各种副作用，患者也会抱着"死马当作活马医"的态度愿意去尝试。因此，药物只需要证明过去"没有"，或者跟"现有的"药物相比有更好的效果，哪怕治疗有效率并不高，都有可能批准入市。而疫苗是给健康人用的，并且是给大量健康人（几亿甚至几十亿）用的，因此安全性要求非常高。世界卫生组织官网（中文版）的一篇文章《疫苗的效力、有效性和保护作用》指出：疫苗须达到 50% 或 50% 以上的效力才能获得批准。批准后，将对其进行持续的安全性和有效性监控。这里面用到的"效力"（英文 efficacy）是指临床试验中得到的数据，而"有效性"（也称"有效率"，英文 effectiveness）是指疫苗批准上市后在真实世界得到的数据。

疫苗作为全球公共产品，除了考虑有效性，后续分配的时候还会涉及公平性。公平性的问题，也有两个容易混淆的以字母 e

开头的单词：equality（平等）与 equity（公平）。equality 这个单词包含了 equal，也就是数学里面最常用的"="，所以强调的"一模一样，一视同仁"。而 equity 强调的"按需分配""精准扶贫"，体现对困难群体的关注。图 3.4 形象地对这两组词进行了解读。

药物和疫苗在得到监管部门发放的通行证、进入市场之前，都要进行严格的临床试验。请注意，是"试验"，而不是"实验"。"实验"一般是在实验室里为了检验某种理论或假说而进行的，生物实验一般会用到瓶瓶罐罐，而"试验"更着重于新药或疫苗的"测试"和"验证"。疫苗的临床试验一般分为三期：第一期，只在少量参与者中进行，通常是该疫苗首次在人群中进行的试验，用于测试其总体安全性，并确定疫苗的最安全剂量；第二期，在较大基数的人群（最多数百人）中进行，以确定效力，并继续测试其安全性；第三期，在更大基数的人群中进行。这些试验通常是药物监管机构用来决定疫苗是否应该被批准使用的依据。

一个好的三期临床试验，关键要素是"够数""随机对照"和"双盲"。"够数"是指参与者数量（特别是第三期）足够。举一个极端的例子，假设某公司有 10 人开车上班，有 10 人乘公交车上班，假如在某月，开车上班的 10 人中有 3 人感染了新冠病毒，而乘公交车上班的 10 人都没事。我们显然不能因为这个发现就下结论说乘公交车更安全，因为样本量太少，不足以反映某个现象的必然

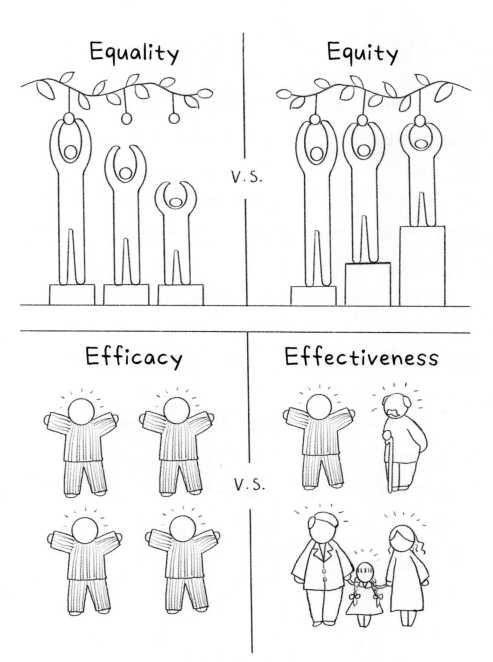

图 3.4 两组词的解读

规律，我们观察到的有可能是偶然现象。以疫苗为例，"随机对照"是指一组或多组受试者接种疫苗，而另一组受试者给予安慰剂，或类似的没有任何效果的疫苗。在大多数情况下，受试者会被随机分配以接种疫苗或安慰剂，以便两组实验条件尽可能相似。"双盲"就像面试评审的时候禁止提前打招呼，以免人为因素的干扰。受试者和研究人员都不知道受试者是注射了安慰剂还是接受了真正的疫苗，这样，就不会因人为的期望而使研究结果产生偏差，从而能判断疫苗是否真正有效。

在这三期必须的试验之后，就算幸运地拿到了上市通行证，后续还有第四期试验。这个阶段所做的研究有助于评估长期风险和效果。因为三期临床试验，入组人数再多也不会超过几万人。对极为罕见的不良反应（比如概率只有 10 万分之一甚至 100 万分之一），我们很难在临床试验中发现。所以药物和疫苗的安全性研究不是随着临床试验的完结而结束的，要延续到上市后的实时追踪，看看在几百万人、几千万人使用后，有没有新的罕见不良反应。所以，当百姓抱怨药价太高的时候，很多药厂也抱怨成本太高。确实，一个新药从研发到批准上市，往往是十年磨一剑，还需耗费十亿雪花银。

安全性评估

前面说的一波三折的阿斯利康 / 牛津大学疫苗，在安全性上不幸遭遇了"波折"。自 2021 年 3 月 7 日开始，因超过 30 名疫苗接种者出现脑静脉窦血栓，奥地利、丹麦、法国、德国、意大利、西班牙、葡萄牙、瑞典、斯洛文尼亚等多国暂停使用阿斯利康 / 牛津大学疫苗。不过，3 月 18 日，欧洲药品管理局（EMA）表示，欧洲约有 500 万人已接种阿斯利康 / 牛津大学疫苗，在这样大的人群里，即便不接种疫苗，在一段时间内我们也可能观察到各种疾病，血栓等凝血异常类疾病也不例外。所以我们不能说接种人群出现血栓就是疫苗造成的，要看这类罕见不良反应在接种人群里发生的比例，是否比"自然背景"高。显然，接种疫苗的"好处"大于"风险"。

2021 年 4 月，《新英格兰医学杂志》发表《ChAdOx1 新冠疫苗接种后的血栓性血小板减少症》（Thrombotic thrombocytopenia after ChAdOx1 nCov-19 vaccination）一文，正式宣布此前发现的凝血病和疫苗明确相关。也就在这个月，美国监管部门要求医疗机构暂停接种美国强生公司的一款疫苗，起因是在近 700 万疫苗接种者中出现了 6 例异常的疑似血栓病例。随后，《自然》杂志的新闻解读版块发表了《COVID 疫苗和血栓：五个关键问题》（COVID vaccines and blood clots: five key questions）的评论性文章，讨论了关于疫苗与血栓风险的五个关键问题。虽然强生疫苗和阿斯利康 / 牛津大学疫苗使用了不同的腺病毒作为载体，但血栓样症状同时出现在这两款疫苗的接种者中，而未明显出现在核酸疫苗的接种者中，不禁让人担心这可能是腺病毒载体疫苗的共性隐患。

临床试验和有效力

一种药物是不是有效，貌似一个很简单的问题，实则涉及复杂的研究方法和统计方法。比如，如果有人让我证明某种药物是不是有效，那我就得问：（1）对什么有效？是对失眠还是对智力低下？（2）对谁有效？严格来说，任何一种药物，我们只知道对那些曾参与前期试验的人是否有效，但对于一个还没用过该种药物的人，我们只能根据统计结果来推算，而推算都有一定的不确定性。有的药物对轻症可能有效，有的对重症才有效。（3）短期有效还是长期有效？比如服用吗啡对短期止疼有效，但是长期服用就会导致药物依赖。（4）效果的评判指标是什么？以疫苗为例，在临床试验终点出现有症状感染者的比例这个指标，比测量中和抗体滴度重要得多。（5）效果是不是因果性的？有时也不好说。比如很多每天喝一杯酒的人喜欢喝了酒之后出去散步，因此会减掉些体重，但显然酒本身没有减肥的功效。（6）一种药物就算真的有效，那么达到最佳效果的剂量是多少？效果能维持多长时间？该药物带来的副作用（有的短期观察不到的）和经济负担是否被充分考虑？

疫苗效力的计算方法

世界卫生组织官网上的文章《疫苗的效力、有效性和保护作用》写道："如果一种疫苗经证实的效力为 80%，这就意味着，在接受临床试验者中，接种疫苗的受试者患病风险比接种安慰剂的受试者低 80%。这是通过比较接种疫苗组与安慰剂组的病例数计算出的结果。"这一段话阐述了疫苗效力的计算方法。根据美国疾控中心官网发布的《公共卫生实践中的流行病学原理（第三版）》（*Principles of Epidemiology in Public Health Practice*, Third Edition），

疫苗效力 =（安慰剂组风险 − 疫苗组风险）/ 安慰剂组风险，即，疫苗效力 =1 −（疫苗组风险 / 安慰剂组风险）。
其中，"风险"就是指感染率，"疫苗组风险 / 安慰剂组风险"也称为风险比（risk ratio）。以一种灭活疫苗为例，在土耳其进行的三期临床试验，基于 7000 多名受试者中 1322 人的原始数据，计算出来的疫苗效力为 91.25%（图 3.5）。之所以 7000 多人中只公布了 1322 人的数据，是因为土耳其三期临床试验分为两组单独的队列：一组是高风险人群，包括医生、护士、清洁工、医院行政人员等医务人员；另一组是正常风险人群。而这次公布的 1322 人的数据都来源于高风险人群。

	总人数	感染人数	未感染人数	风险（感染率）	效力
疫苗组	752	3	749	3/752=0.399%	1-0.399/4.561 =91.25%
安慰剂组	570	26	544	26/570=4.561%	

图 3.5　一种灭活疫苗的效力（土耳其）

　　看起来这么简单的数学计算，有时候也会产生天壤之别的计算结果。2021 年 1 月 4 日，《英国医学杂志》新闻与观点团队副主编彼得·多西（Peter Doshi）在杂志博客网站上发文，认为两款新冠核酸疫苗 95% 的疫苗保护率也存在问题，他指出其中一款疫苗的效力或低至 29%，未达到世界卫生组织建议的最低标准（50%）。由于多西供职于著名医学期刊，并在美国马里兰大学担任医药卫生服务副教授，他的质疑引发了大量关注，有关这款疫苗效力只有 29% 的说法快速扩散。

　　多西对该疫苗的公开数据进行了重新分析，所提出的效力 29% 的观点是建立在这样一个假设基础之上的——疫苗试验中数千名疑似病例都是新冠病毒感染者。此前，疫苗 95% 的效力是通过对 4 万余名接种志愿者的三期临床数据分析得出的。其中，21 721 人接种

疫苗，21 728 人接种安慰剂。在最终确诊新冠肺炎的 170 名志愿
者中，8 人来自疫苗组，162 人来自安慰剂组，因此计算得出疫苗
组确诊率比安慰剂组低 95%。而在确诊者之外，疫苗三期试验中
还有 3410 名疑似新冠病毒感染者。其中，有 1594 人来自疫苗组，
1816 人来自安慰剂组。根据生产商提供给 FDA 疫苗与相关生物
制品咨询委员会的报告内容显示，这 3410 名疑似感染者未被检测
出新冠病毒核酸阳性结果，除非症状严重，否则不记入不良事件。
多西认为，这 3410 名疑似感染者可能存在大量假阴性，因此要和
确诊者一样，考虑到疫苗保护率的计算中。他假设该疫苗试验中
的疑似感染者全部为实际感染者，这时疫苗效力为

$$1-[（8+1594）/(162+1816)]=19\%。$$

在多西的粗略计算中，假定疫苗组和安慰剂组人数相等，又考虑
到接种后 7 日内因免疫原性造成不适的人数，再排除接种 7 日内
发生的疑似病例，那么疫苗效力就变成了

$$1-[（8+1594-409）/(162+1816-287）]=29\%。$$

真实世界研究

临床试验里的随访相对严格，愿意参与试验的志愿者普遍比
寻常病人对现代医学更信任，这会造成临床试验里的病人依从性
更高。但是到医学实践里，特别是对于需要长期使用或者副作用
较大的药物，有多少人能按医嘱用药，这就不好说了。这种类似

的不可控因素使得药物能达到的实际效果打了问号。所以即便一个药物经过了临床试验的检验，上市推广后，研究人员仍然需要跟踪真实使用效果，也就是真实世界证据研究。

通常情况下，接受疫苗和没有接受疫苗的所有受试者都是"各回各家"，像没事人那样正常生活和工作，然后根据真实世界证据来分析这两组不同人群的病毒感染情况。这里提到的真实世界证据研究是现在很流行的一种方法，不像做小白鼠试验那样设计各种方法，把试验对象人为地分组。在真实世界里，试验人群的行为和生活是混合在一起的，没有非常明显的分组界限。这样获取的来自真实世界的数据分析难度更大，所得到的信息量也更大，更符合实际情况。

以新冠疫苗为例，因为招募人数与研究时间的限制，临床试验里出现的重症人数一般不多，这给判断疫苗能否预防重症以及预防能力增加了不确定性。为了控制操作的难度，大多数新冠疫苗试验中也没有检测无症状感染。这些不足意味着，当我们说临床试验证明新冠疫苗有效时，是在说疫苗对于预防有症状并且是以轻症为主的新冠病毒感染展示了良好的有效性。对于重症的防护、能否阻断包括无症状感染在内的病毒传播等重要问题，我们只能说临床试验显示了一定的减少趋势。一个能高效防止有症状感染的疫苗，也有不小的概率可以减少病毒的传播。对于此类缺憾，真实世界数据恰好可以通过更广泛的人群覆盖面与更大的数据量，为我们弥补临床试验里的不足。

2016 年 12 月，美国国会公布《21 世纪治愈法案》（*21st Century Cures Act*），旨在利用真实世界证据取代传统临床试验。为此 FDA 在《新英格兰医学杂志》发表了详细介绍真实世界证据的文章《真实世界证据——它是什么，它能告诉我们什么？》（Real-world evidence—What is it and what can it tell us?），应该说这是一个非常好的呼吁。

2021 年 4 月，《新英格兰医学杂志》发表了截至当时规模最大的新冠疫苗真实世界研究，论文题目为《全国大规模疫苗接种环境中的 BNT162b2 mRNA 新冠疫苗》（BNT162b2 mRNA COVID-19 vaccine in a nationwide mass vaccination setting）。该研究在以色列完成。研究人员收集了在 2020 年 12 月 20 日到 2021 年 2 月 1 日期间接种了辉瑞疫苗的近 60 万人的医疗数据，同时再为这个疫苗组里的每个人都匹配上一个与此人情况类似但没有接种疫苗的对照，组成对照组。最后利用这接近 120 万人的超大规模真实世界"临床试验"中记录的各类新冠病毒感染事件，来分析疫苗的真实有效性。以大家关心的疫苗能否防护重症这个问题为例，在整个辉瑞疫苗三期临床试验中才碰上 10 例重症患者，所以很难靠这么小的数据量来判断疫苗对重症的保护作用。相比之下，由于有近 120 万名受试者，以色列的研究中共记录了 229 例重症，在疫苗接种完成（第二针接种 7 天）后，重症保护作用达到 92%。

上述真实世界研究之所以能在以色列进行，是因为以色列与辉瑞公司达成的数据换疫苗协议，通过快速接种提供疫苗真实世界有效性的证据，来换取大量疫苗供应。当然，新冠疫苗真实世界数据研究并不会降低临床试验的重要性，也不是用来取代临床试验，而是互补的关系。

评估疫苗真实有效率的"终极杀手"——人体挑战试验

一般情况下，我们不能让受试者故意感染病毒，只能让接种疫苗的受试者自然暴露于病毒中，以评估疫苗是否比安慰剂更能有效预防感染，通常需要花费几个月的时间才能验证疫苗的有效性。如果让完成疫苗接种的受试者直接暴露于病毒中，将大大加快这一进程，可以在数周内得到结果。

2021 年 2 月，英国政府发表声明称该国临床试验伦理机构已经批准了一项新冠病毒人体试验（human challenge trial），将 90 名成年志愿者暴露于新冠病毒环境中。英国由此成为全球首个批准新冠病毒人体挑战试验的国家。人体挑战试验实际上就是让健康受试者"以身试毒"，即以主动感染的方式，让受试者接触到被测试物质。这种试验虽然听起来很疯狂，但是其历史最早可追溯到 18 世纪。

2022 年 2 月，《自然》杂志发表了一篇新闻稿《科学家故意给人传染新冠病毒——这是他们所学到的》（Scientists deliberately gave people COVID — here's what they learnt）。该文提到，一共有 36 名 18~29 岁没有感染新冠病毒也没有接种过疫苗的健康志愿者在伦敦皇家自由医院（Royal Free Hospital）参加了人体挑战试验。其中，有两名志愿者因抗体检测阳性被排除。接受人体挑战试验的 34 名志愿者的鼻腔都喷入了相同剂量的新冠病毒，这个剂量相当于单个呼吸道的液滴中存在的病毒量。病毒采用 2020 年早期于英国发现的野生型病毒，采集自疫情初期的一名病人体内，后续研究有可能采用最新的新冠病毒变种。在 34 名志愿者中，有 18 名 PCR 核酸检测阳性。之前的流行病学研究认为，从感染病毒到出现症状，潜伏期大约为 5 天。而该研究表明，这些志愿者在感染后的两天内，就可以检测到阳性结果并出现症状。尽管最先在咽喉处能检测到病毒，但鼻腔中的病毒载量要比咽喉处高得多。研究发现，被感染 5 天后，体内病毒量达到高峰，12 天后在体内仍能检测到病毒的存在。除了呼吸道症状之外，大约 70% 的感染者丧失味觉或嗅觉。研究还发现一个有待于进一步破解的谜题——尽管一些志愿者体内病毒载量很高，病毒存续时间也很长，但他们没有任何症状。一种解释是这些人的先天免疫系统本身就比较强，另一种解释是他们过去曾感染过其他导致普通感冒的冠状病毒，从而对新冠病毒有了免疫力。

尽管这类试验引起很多伦理学争议，2020 年 3 月，哈佛流行病学家马克·李斯特（Marc Lipsitch）在《传染病杂志》上建议，用志愿者进行人体挑战试验来代替传统的疫苗三期试验。他指出，人体挑战试验主要有两个优点：第一，出结果的速度要比常规临床三期试验快得多，这对疫情大流行的紧急时刻非常重要；第二，人体挑战试验只需要几十到百来人进行试验，不需要像临床三期试验招募数百乃至数千人。2020 年 5 月，世界卫生组织针对新冠病毒疫苗的人体挑战试验出台专门文件，表示在道义上支持，并提出一些伦理上可接受的关键标准。2021 年 9 月，《新英格兰医学杂志》发表的《新冠病毒人类挑战研究—— 在不断演变的大流行期间建立模型》（SARS-CoV-2 human challenge studies — Establishing the model during an evolving pandemic），也肯定人体挑战试验在传染病大流行期间发挥的作用。

前世今生的大难题：病毒疫苗和癌症疫苗的车轮战

　　mRNA 技术在新冠疫苗生产中的成功，其实算是"无心插柳柳成荫"，而它的主战场本来是治疗癌症。新冠疫苗研发让mRNA 技术快速成熟，在疫情基本控制后，mRNA 技术之风现在又吹回癌症治疗领域。

　　疫苗可分为预防性疫苗和治疗性疫苗两种，对新冠肺炎如此，对癌症也如此。常用的癌症预防性疫苗包括预防宫颈癌的 HPV 疫苗。而基于 mRNA 技术的癌症治疗性疫苗则是利用 mRNA 技术合成癌细胞特有的抗原，用来诱发人体免疫系统杀灭癌细胞。这个道理说起来容易，但是，"理想很丰满，现实却很骨感"。研发治疗癌症的疫苗跟研发预防新冠肺炎的疫苗相比，至少有以下四点不同，从而使研发变得更难：（1）癌细胞源自患者自身，因此免疫系统仅仅是把癌症当成"内部矛盾"，反应不会太激烈；（2）癌细胞还会改造癌组织周围的微环境，来躲避或抑制免疫系统的辨识及杀灭；（3）各癌症患者的癌细胞基因突变大多不一样；（4）新冠疫苗只需注射到肌肉细胞里就能启动免疫反应，但是针对癌症的疫苗必须运送到癌瘤组织或其周围的免疫细胞才能发挥作用。

笔者期待新冠肺炎疫情催生的 mRNA 疫苗技术能在治疗癌症之路上创造更多颠覆性的成就。那么病毒真的是推动人类进化了。这样的进化不是通过自然选择，而是来自人类的主动作为。

第 **4** 章

现代战"疫"：历史不会忘记这三年

◆ 美式教训，"临阵换枪"的严重后果

◆ 中国速度，破译新冠病毒密码

◆ 全员检测，只有想不到，没有做不到

◆ 未来已来，兼具编辑和检测功能的新技术

◆ 前世今生的金标准：抗原和抗体替代不了的核酸

美式教训，"临阵换枪"的严重后果

2020 年 12 月，《纽约客》上面发表了一篇约 6 万字的纪实文学《大疫纪事：美国新冠病毒悲剧背后的错误与挣扎》（The Plague Year: The mistakes and the struggles behind America's coronavirus tragedy）。里面提到，美国早在 2020 年 1 月 3 日就收到了中国分享的疫情信息，可是当时的美国政府，从总统特朗普到卫生部长阿扎，显然没有足够地重视。2020 年 1 月 12 日中国向全世界公开分享新冠病毒基因序列后，1 月 17 日，世界卫生组织官网上公布了一个由德国团队开发的可以在短时间内检测新冠病毒的方法，文件的题目是《疑似人类 2019 年新型冠状病毒病例的实验室检测》[Laboratory testing for 2019 novel coronavirus（2019-nCoV）in suspected human cases]。该方法被世界卫生组织分发至多国，但美国卫生部和美国疾控中心在 2020 年 1 月初却选择研发一个美国版本的全新试剂盒。被各国广泛使用的试剂盒包含两个核心组件，而美国开发的版本却多了一个组件，而正是这个画蛇添足的新设计中的多余"第三组件"被污染，导致美

国早期核酸检测乱象（图 4.1）。在检测出美国首例确诊病例后，
美国疾控中心于 1 月底向全美 26 个公共卫生实验室分发试剂盒。
但是，其中 24 个实验室的试剂盒都出现了假阳性反应。各地的检
测样本被迫发回亚特兰大总部的实验室进行二次核查，导致多个
州的检测严重停滞。

图 4.1　美国制造的"三轮车"版核酸检测试剂盒

　　美国疾控中心本想赋予试剂盒更多的性能，却没想到弄巧成
拙。前两个组件确定新冠病毒特有的序列，而第三个组件是美国
独家添加的，进行泛冠状病毒检测，用于区分不同冠状病毒。该

设计的初衷是好的，可以检测发生变异的病毒，甚至区分不同的冠状病毒（比如 SARS 病毒）。实际上新冠病毒有一条独特的遗传序列，与之最接近的 SARS 病毒在 PCR 之后的核酸检测中也仅有 85% 的相似性，是不可能弄错的。然而急中出错，第三个组件遭到污染。开展检测的实验室出现了严重的假阳性结果，就连高纯度的水也被检测为阳性。大吃一惊的美国疾控中心开始重新制作第三个组件，他们相信一周就能解决问题。其实有些地方的实验室已经发现，只要去掉被污染的第三个组件就可以正常使用试剂盒，但因不符合美国疾控中心的使用规定而作罢。

　　经过长达三周的纠错工作，美国疾控中心最终放弃了第三个组件。后来确定问题是生产而不是设计造成的，生产试剂盒的任务也由美国疾控中心的一家实验室转移给一家独立的企业（Integrated DNA Technologies，IDT）。只带有两个组件的美国版核酸检测试剂盒在确定有效性后，于 2 月的最后一天发放到全美的多家公共卫生实验室，并且，此时美国食品药品监督管理局（FDA）官员也告知数百家医院的实验室可以使用自己的检测方法。疫情之初，抗疫如救火。美国疾控中心的这场技术灾难，但愿在世界其他地方不会再次上演。从这里我们也看到，缺乏足够模拟演练和实战经验的"武器"，在紧急状况下要慎用。

中国速度，破译新冠病毒密码

跟 2003 年确认的 SARS 病毒相比，2020 年中国科学家只用了 11 天时间就分离出新冠病毒。对一个只有大约 3 万个碱基的病毒进行测序，显然不需要 11 天，一天都不需要。以现在的技术和设备，对约有 30 亿对碱基的人类基因组进行测序，连一天的时间都不需要。之所以需要 11 天，是因为其中涉及对一个全新的病原体的确定、分离，以及严格、审慎的再三确认程序等。还有，这 11 天是对新冠病毒进行全基因组测序，就所有的约 3 万个碱基进行检测，而不只是简单地检测三个基因位点的核酸。

2021 年 2 月，《柳叶刀》发表社论《大流行时期的基因组测序》（Genomic sequencing in pandemics）。社论指出，先进的基因测序技术，在此次人类针对新冠病毒的生物学和进化研究中提供了非常关键的信息。全球基因组实时监测，是公共卫生措施资源库中的关键工具和卫生对策的基础建设。充分了解新冠病毒的 RNA 序列是鉴定的关键，及早地共享其基因数据不但有助于诊断技术的快速研发，也是疫苗能快速生产的关键。同时，将测序与流行病学数据相结合，可以提供有关新变异毒株的实时信息。该社论给一个理想中的全球基因组监测系统勾画了蓝图：第一，虽然无须对每名患者的病毒基因组进行测序，但测序水平应当能够充分检测并跟踪突变及其影响，这是卫生系统的核心能力；第二，需要了解变化对病毒的生物学影响，并将研究结果与临床数据相联系，以制定有效的公共卫生政策；第三，新冠病毒不分国界，因此，有效的病毒基因组监测需要成为全球关注的问题。在任何疫情暴发时，都必须将测序工作广泛落实。

根据南方都市报的《记疫》显示，2019 年 12 月 24 日，武汉市中心医院对患者进行了气管镜采样，然后将病人的肺泡灌洗液样本送到第三方检测机构广州微远基因科技有限公司进行高通量检测。两天后的 26 号，上海市公共卫生临床中心接收到武汉市中心医院和武汉市疾控中心的不明原因发热病例样本一份，华大基因股份有限公司（以下简称"华大基因"）也从华中科技大学同济医学院附属协和医院获得了不明肺炎病例样本。所以，中国的生物科技工作者在疫情开始的最早期，在湖北省中西医结合医院呼吸与重症医学科主任张继先医生最先上报可疑病例（12 月 27 日）之前，就已经开始了病毒核酸检测工作。

全基因组测序

与基于 PCR 的大规模核酸检测相比，基因测序是一个更加复杂、耗时的过程，并且测序使用的设备昂贵，所以不会大规模使用。与基于 PCR 的核酸检测一样，基因测序首先也要采集样本和提取病毒 RNA，然后同样把病毒 RNA 反转录为 cDNA。不过，接下来的步骤就和 PCR 不同了。以目前通用的二代测序方法为例，基因测序需要进行文库构建和高通量测序。其中的文库构建，英文是 library preparation，乍一看让人摸不着头脑，这与 "图书馆"（library）有啥关系？这 "library" 的意思就是把完整的 cDNA 链打碎成片段，接着对 cDNA 片段末端进行修复，加上独有的样本编码。这个工作就跟图书馆做的事有点像了，打成片段的 cDNA 长度差不多还贴着编码标签，编码标签可以用来识别该 DNA 片段的样本来源，就像图书馆中的每本书的编号一样。

从 DNA 双螺旋结构发现开始，许多科学家在核酸测序方面进行了研究。但是，直到 1975 年，英国剑桥大学生物化学家弗雷德里克·桑格（Frederick Sanger）才巧妙地利用了 DNA 复制的机理，发明了一种全新的测序方法，并以此获得 1980 年诺贝尔化学奖，因此，这个方法也称为 "桑格测序法"（以下简称 "桑格法"）。在细胞准备分裂时，遗传信息（基因组 DNA）首先需要进行复制，以便传给下一代细胞。遗传信息复制时，DNA 解开分裂成两条单链，其过程与拉开拉链的过程类似；然后分别以这两条单链为模板，根据碱基互补配对原则，重新合成两条新的双链。

笔者在桑格研究院学习三年，在此再详细介绍一下桑格法的原理。在细胞内，DNA 的复制过程需要三类物质：作为原料的四种脱氧核苷酸、能把脱氧核苷酸连接起来的 DNA 聚合酶、一小段和模板结合的作为复制起点的 RNA（也称为引物）。桑格法的颠覆之处在于，在实验中不仅仅提供了上述 DNA 复制必需的三类物质，使用 DNA 代替 RNA 引物，还"掺了些沙子"，加了一些称为"双脱氧核苷酸"的物质。他在实验中添加的双脱氧核苷酸是在脱氧核苷酸的基础上又脱了一个氧原子，四种双脱氧核苷酸分别用 ddA、ddC、ddG、ddT 来表示，其中第一个"d"代表英文前缀"di-"，表示"双"的意思，而第二个"d"是"de"的缩写，也就是脱氧核苷酸中"脱"。这些双脱氧核苷酸能够根据碱基互补配对原则加到 DNA 链上，但是由于它们的 3' 端缺了一个氧原子，所以无法与相邻的脱氧核苷酸形成磷酸二酯键，后续核苷酸无法再添加上去，于是复制过程终止。

桑格将要测序的样品分为四份，每一份都加入复制所必需的三类物质，然后再在四份样本中分别加入可以终止 DNA 复制的 ddA、ddT、ddG、ddC。请注意，这里说的是"分别"，也就是第一份样本加入 ddA，第二份样本加入 ddT，第三份样本加入 ddG，第四份样本加入 ddC。由于每种双脱氧核苷酸可随机插入复制序列中而中断复制，因此在每一份样本中对应核苷酸的位置都随机地被双脱氧核苷酸取代，使复制终止，出现一定数量的长度随机的 DNA 片段。利用凝胶电泳将这四份样本中的不同长度的 DNA 片段分离出来，这样根据各片段的长度就知道哪一个位置是哪一种核苷酸了。桑格发明的 DNA 测序法很快成为各分子生物学实验室的常规方法，在之后的 20 年里也最为常用，人类基因组计划主要用的也是这种方法（后期实现了一定程度的自动化）。

不过，要说第一个测 DNA 的，还是一位出生在北京的中国人——吴瑞（Ray Woo，1928—2008）。虽然他的研究没有获得诺贝尔奖，但是他在康奈尔大学培养的博士生绍斯塔克对染色体端粒酶的研究获得了 2009 年诺贝尔生理学或医学奖。与桑格同期以及在桑格之后，还有其他人发明过别的 DNA 测序法，有的已取代桑格法用于大规模测序，但是没有哪一种测序法像桑格法那样给人耳目一新的惊艳感。这里要提一下的是，尽管桑格的第一个诺贝尔奖归功于蛋白质测序技术，但是直到今天，蛋白质测序技术远远没有 DNA 测序技术发展得快。

DNA 测序基本原理是碱基互补配对，四个碱基的配对方式是 A 与 T 配对、G 与 C 配对，因此原理而开展的 DNA 测序可以做到高效、高速。但是，氨基酸没有互补配对，因此，无法像 DNA 那样扩增后测序，只能将蛋白质一个一个或者一段一段地切下来分析，所以需要大量的蛋白质（至少几克）作为样本。蛋白质测序目前还没有可靠的技术，常用的质谱严格来说不是对蛋白质的氨基酸逐个测序。当然，根据中心法则可以从 DNA 序列推测出组成蛋白质的氨基酸序列，所以大多数时候也不需要直接检测蛋白质的氨基酸序列了。对于发明第一代基因测序方法的桑格，或许觉得"廉颇老矣"，或许觉得发明 DNA 测序法已经是自己所能达到的顶峰，再继续从事科研已经没有意义。1983 年，65 岁的桑格决定退休回家当园丁。

如果桑格法是第一代测序技术的话，那第二代测序技术的主要特点是检测的 DNA 片段长度（也称"读长"）很短，一次能检测的片段很多（也称"高通量"）。举个例子来类比一下，如果老一代施工队去修一座高架桥，由于没有好的测绘技术和通信技术，可能要从头到尾按照顺序一个桥墩、一个桥墩地修建，所以很慢。但是新一代施工队有了现代化的定位和通信技术，可以很多人同时从多个地点去建桥墩，这样就快多了。当然，这样工作的问题是，如果每一个人就只顾自己的那个桥墩，最后所有桥墩是不是能丝毫不差地连接起来，还是有风险的。

人类基因组计划开始于美国，基因测序技术如今也是两家美国公司的天下：一家是总部位于美国圣迭戈的因美纳（Illumina）公司（以下简称"因美纳"），另一家是总部位于马萨诸塞州离波士顿不远的赛默飞科技公司（Thermo Fisher Scientific）（以下简称"赛默飞"）。因美纳占据了当今世界基因测序上游产业的半壁江山，而赛默飞主要通过在 2014 年收购美国的生命科技公司（Life Technologies）一举进军基因测序这一领域。从技术角度来说，因美纳的技术核心是合成法测序（sequencing by synthesis，SBS），而被赛默飞收购的生命科技公司的技术核心是连接法测序（sequencing by ligation，SBL）。因美纳在 2006 年收购了英国剑桥的 Solexa 公司之后迅速崛起，美国的商业运作加上英国的核心技术，造就了基因检测行业的巨无霸。2007 年，因美纳推出第一款测序平台的时候，读长只有 30 多个碱基；2014 年，推出划时代的高通量测序仪，宣称利用该仪器进行人类全基因组测序，费用不超过 1000 美元。突破 1000 美元大关，是基因界的"梦想"，因为，只有当基因检测价格达到这个水平的时候，相关科研和临床应用才能真正突飞猛进。

第一代测序方法的特点是测序时间很长，有不少人工操作步骤；第二代测序方法的特点是通量高、速度快，但是读长比第一代测序方法短；而接下来闪亮登场的第三代测序方法能直接对单个 DNA 分子进行测序，因此也被称为"单分子测序"。笔者在这里简要介绍三种有代表性的测序技术。

第一种是配备超敏感荧光检测装置的单分子测序技术。由美国斯坦福大学斯蒂芬·奎克（Stephen Quake）团队开发的 HeliScope，算是第一台真正意义上的单分子测序仪。这款测序仪最重要的创新之处是采用了超敏感的荧光检测装置，从而不再像第二代测序技术那样需要通过扩增得到的分子群体来增强信号强度，并且可以直接分析碱基的化学修饰，比如甲基化、乙酰化。

2003 年，奎克等人联合创立了 Helicos 公司。在 2007 年上市后，Helicos 公司筹集到约 5000 万美元的资金，并在 2008 年售出了第一台测序仪 HeliScope，这也是市场上的第一台单分子测序仪。随后的 2009 年，奎克用这台仪器对自己的基因组进行了测序。根据当时发表在《自然·生物技术》上的文章介绍，这次测序共用时四周，试剂费花费不到 5 万美元，这在当时是非常惊人的速度和价格。可惜的是， HeliScope 并没有解决第二代测序仪读长太短的问题，而且错误率较高，再加上整机售价高达百万美元，所以，直到 2010 年公司的产品仍得不到市场认可，其销售业绩几乎为零，从而导致公司被纳斯达克摘牌。两年后的 2012 年 11 月，Helicos 也宣告破产。然而，2018 年，奎克和 HeliScope 却以"惊爆"的方式被"基因编辑狂人" ——南方科技大学贺建奎带入中国人的视野。贺建奎在 Helicos 快要破产的那两年到奎克那里做博士后，随后于 2012 年回到深圳创立了瀚海基因公司。

第二种是加州太平洋生物科学公司（Pacific Biosciences of California）推出的单分子实时（single molecule real-time，SMRT）测序技术，这也是目前第三代测序仪的代表性技术。含有

"太平洋"或者"泛太平洋"这种名字的企业很像早期的传统行业，而且这家公司的测序技术确实是出于美国名校。2004 年，康奈尔大学的斯蒂芬·特纳（Stephen Turner）博士创立了太平洋生物科学公司，比奎克创立 Helisco 公司晚了一年，他也成为生物界"学而优则商"的典范。笔者发现，生物界的创业者好像不太善于给公司取响亮而又有特点的名字。在新冠肺炎疫情期间一战成名的核酸疫苗公司——德国生物新技术公司（Biopharmaceutical New Technologies，BioNTecH，也称为拜恩泰科）的名字来自三个英文单词 Biology（生物）、New（新）、Technology（技术）的缩写。如果把前面的 Bio（生物）换成 Gene（基因），那就是另外一家著名的生物公司 Genentech（基因泰克）。不过，细说起来，这个公司名字是 Genetic Engineering Technology 的缩写，里面的 N 也不是"新"的意思。基因泰克可以算得上是最早的基因科技公司，所以没有必要说自己是"新"的。笔者在《基因的名义》对这家公司做过简单的介绍，它率先研发出了胰岛素和生长激素。这样的生物界公司名字，远赶不上 IT 界的"谷歌""苹果""领英""鸿蒙"那样有趣。

第三种是纳米孔测序技术（图 4.2）。该技术最初也是由一名大学教授提出来的，他就是英国牛津大学的黑根·贝利（Hagan Bayley）。他在学术研究取得成功后，于 2005 年创立了牛津纳米孔技术公司（Oxford Nanopore Technologies），总部设在英国牛津郡。不知道这是跟风还是时势造英雄，纳米孔技术作为后起之秀，潜力巨大。纳米孔测序仪的体积只有 U 盘大小，通过 USB 接口与电脑相连，还可以随身携带。2015 年，纳米孔测序仪被带到埃博拉抗疫前线；2016 年，纳米孔测序仪又被带上了太空，由此可见这个技术承载的期望之大。

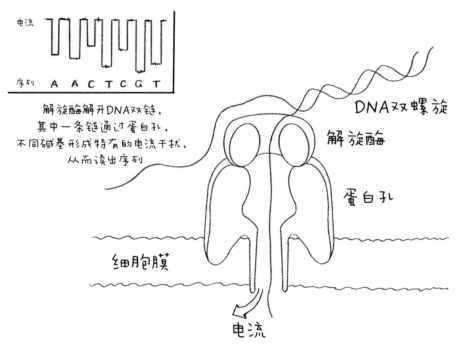

图 4.2　纳米孔测序仪的原理

新冠病毒在环境中的存活时间是一个非常重要的科学问题，它需要非常强大和实用的核酸检测技术来监测和判断，就像通过呼吸和心跳能迅速判断一个人的生与死那样直观和确定。有人用

"大炮打蚊子"来形容全员核酸检测。不过，从技术角度来说，比"大炮"还大的技术还真的能借用到比蚊子还小的生物体上。2019 年，中国科学技术大学潘建伟团队与美国麻省理工学院研究团队合作，搭建了双色强度干涉实验系统，开发出了颜色无关强度干涉的探测技术。该技术不仅可以用于观察遥远的星空和庞大的宇宙，也可以助力生物学家分清两个颜色不同的荧光分子。

全员检测，只有想不到，没有做不到

2020 年 5 月 9 日和 10 日，武汉某小区出现 6 例新增确诊病例，打破了连续 35 天无新增病例的记录。新增病例来源于既往社区感染。5 月 11 日晚，武汉市下发紧急通知，要求在全市范围内开展全员新冠病毒核酸筛查"10 天大会战"，要在 10 天检测大约 1000 万人。这个消息刚出来的时候，有的人觉得不可思议，有的人甚至觉得没有必要，这更是惊呆了一众国际友人。要创造这个奇迹，需要全体市民的全力配合，除了能走能动的健康人群之外，还有大量出行不便或有其他特殊困难的群体需要检测，需要动员的力量在和平年代实在难以想象。

在笔者参加的一次学术会议上，有专家对如此核酸检测持否定意见。笔者能够理解但是不敢苟同。能够理解，是因为历史上核酸检测从来没有这么大规模地被使用过。武汉第一次提出全员核酸检测上千万人，这在以前是不可想象的，再资深的传染病专家以前也没有经历过。可是，武汉真的做到了！后来全国很多地区也或多少做到了类似规模的检测。在这里笔者不得不赞赏华大基因的"火眼实验室"。把一个宿营搭建临时帐篷的思路用到了核酸检测实践。

除了快速搭建起来的"火眼实验室"，另外一个创新是混合检测，简称混检。这一策略此前已用于某些传染性疾病（例如沙眼）的社区监测。2020 年 2 月 5 日，国家发展改革委连同国家卫生健康委召开全国发展改革系统、卫生系统电视电话会议，指导各地有效调动疾控中心、医疗机构、第三方机构等检测力量，加快实验室改造升级，配置检测必需设备，千方百计提高新冠肺炎诊断效率，确保疑似病人第一时间得到及时检测，最大限度为临床治疗和联防联控工作争取宝贵时间。会议鼓励各地采取 10 人样本合成 1 个样本送检等创新方式，提高筛查速度，降低筛查成本。这为后来武汉和全国推行的混检技术提供了行政指导和依据。从科学性上来说，2020 年 4 月 6 日，美国斯坦福大学学者在国际著名的《美国医学会杂志》上发表论文《混检作为新冠社区传播检测的一种策略》（Sample pooling as a strategy to detect community transmission of SARS-CoV-2），为混检提供了科学依据。该研究团队将 9~10 个单独样本混合进行核酸检测，一旦检测到阳性，则重新对单个样本进行检测确认。研究者发现，混合样本集中筛查的策略在轻微损失灵敏度的情况下，提高了总体检测效率，有助于早期发现社区传播，并及时进行防控。

到底是 10 人混检，还是 5 人混检，这个要根据潜在阳性病例的概率来定，目前也没有非常统一的公式。还有人提出了二维（横、

竖）混检的设计，如图 4.3 所示，将 100 人检测样本横着混合成
10 个检测池，竖着也混合成 10 个检测池。这样，当这 100 人检
测样本中有 2 个阳性样本的时候（图中空心圆圈），就能准确地
找出来。而按照传统的混检方法来做的话，就需要检测 30 个样本。

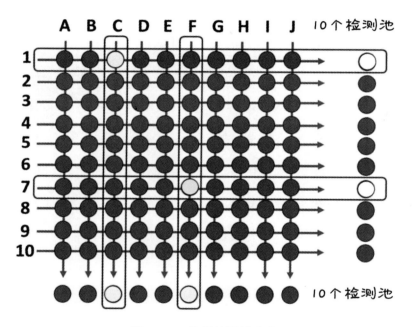

图 4.3　二维混检设计方案

2022 年 5 月，国务院联防联控机制提出"提升监测预警灵敏
性，大城市建立步行 15 分钟核酸采样圈"的要求。在疫情防控的
关键时刻，推行全员检测非常必要。在未来，当新冠肺炎疫情处
于零星散发的情况下，如何在不动用大量资源的情况下快速、即

时捕捉到社区内病毒存在的信号，是公共卫生界和科学界努力的方向。科学研究表明：当每毫升废水中含有 10 个新冠病毒粒子的时候，就能被便携式的 PCR 仪器检测出来；当 10 万人的社区里面出现 10 例新冠病毒感染者时，从废水中检测到新冠病毒的概率高达 87%。2021 年 6 月，在香港几乎没有本土疫情流行的时候，废水常态化监测发现了德尔塔病毒，及时正确指导了公共卫生应急响应。因此，笔者认为，研究如何从城市下水道里收集生活废水样本并检测致病病原体，将是一个非常值得探索的事情。

未来已来，兼具编辑和检测功能的新技术

转基因与基因编辑

我们先介绍大家比较熟悉的"转基因"，然后慢慢讲述"基因编辑"。按照世界卫生组织的定义，转基因是指将生物体内的遗传物质以非自然发生的方式进行改变。该技术可使选定的个体基因从一种生物体内转移到另一种生物体内，并且还可在不同的物种之间进行转移。目前，人们种植转基因作物的主要目的是：通过增强作物对由昆虫或病毒引起的疾病的抗性或对除草剂的耐受性，来提高其自我保护水平。转基因与杂交都是在基因层面改变作物性状，但它们是两种极不相同的育种方式。其差别在于：杂交一次性"转"了成千上万个基因进入作物 DNA，而转基因一次只"转"几个基因。杂交育种所"转"的基因中总有一些是科学家所不能掌控的，而转基因过程能够很好地控制。

幸运的是，正如诱导多功能干细胞技术（induced pluripotent stem cell, iPSC）不需要从胚胎中提取细胞而避开了伦理层面的拷问一样，转基因研究领域也出现了一项能够避开一些伦理争议的

全新技术——基因编辑技术（图 4.4）。

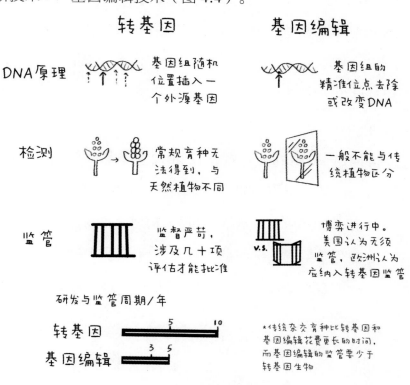

图 4.4 转基因和基因编辑对比

　　顾名思义，所谓基因编辑技术就是通过一些特定的技术对目标基因进行精确编辑，从而使目标基因发生改变或修正目标基因的一些缺陷。人类基因组有大约 30 亿对碱基，它们互相缠绕，位于微小的细胞核里，要想找到其中某一个碱基对的位置，甚至还对它进行编辑，谈何容易。但是，就在诱导多功能干细胞技术获得诺贝尔生理学或医学奖的 2012 年，一项叫作 CRISPR 的技术横空出世，把不可思议的基因编辑工作变为可应用于实际的操作。CRISPR 是 clustered regularly interspaced short palindromic repeats 的缩写，翻译成中文就是"成簇的规律间隔短回文重复序列"。如果觉得这个英文缩写不好记，就记住"crisper"是"保鲜盒"的意思就好了。希望基因编辑技术能一直保鲜，一直带来惊喜，不会很快过时。

严格地说，CRISPR 的概念在 2012 年之前就有了，不过那时是作为一种类似原核生物（比如细菌）的免疫机制来研究的。2012 年该技术开始应用于真核细胞。CRISPR 系统（图 4.5）是细菌和古菌特有的免疫系统，是生命进化历史上细菌和病毒进行斗争时产生的免疫武器，用于抵抗病毒或外源性质粒的侵害。当外源

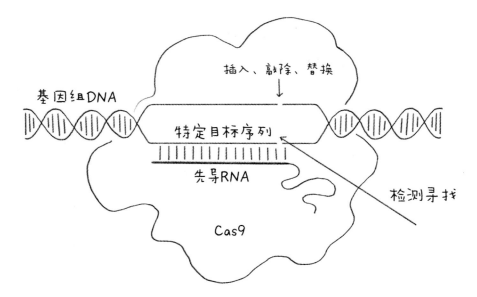

图 4.5　兼具"编辑"和"检测"双重功能的基因编辑技术——CRISPR

基因入侵时，该防御系统的 CRISPR 序列会表达与入侵基因组序列相识别的 RNA，然后一种被称为 CRISPR 相关蛋白（Crispr associated protein，CAS）的核酸内切酶在序列识别处切割外源基因组 DNA，从而达到防御目的。

基因编辑英雄谱

2020 年的诺贝尔化学奖颁发给了首创基因编辑的两位女性科学家——美国加州大学伯克利分校的珍妮弗·杜德纳（Jennifer Doudna）和德国柏林马克斯·普朗克病原学研究室的埃玛纽埃尔·沙尔庞捷（Emmanuelle Charpentier）。她俩于 2012 年 6 月在《科学》杂志上发表文章，报道了她们创建的一种 CRISPR 系统具有切割任何特异性 DNA 靶标的潜力，从而开启了 CRISPR 基因编辑的黄金时代。尽管人们普遍认为杜德纳和沙尔庞捷推动了 CRISPR 编辑的发展，但还有一个人同样对 CRISPR 编辑技术的发展做出了巨大的贡献。那就是来自布罗德研究所（Broad Institute）的华裔教授张锋。他首次证实了 CRISPR 技术可在真核细胞中起作用，同时也揭开了该黑客级技术的巨大潜力和商机。说起老一代科学家，我们很多人会首先想到从麻省理工学院毅然回国的钱学森先生。2017 年 1 月，出生于中国河北的张锋，在时年 35 岁的时候成为麻省理工学院历史上最年轻的华人终身教授，追平了钱学森先生 35 岁时晋升为麻省理工学院终身教授的纪录。

　　尽管杜德纳和沙尔庞捷首先发表了文章，并且先于张锋提交了专利申请，不过她们的研究和专利都是关于 CRISPR 技术在原核生物中的应用。2013 年 1 月，张锋在《科学》杂志上发表的一篇论文中阐述了 CRISPR 技术在真核生物（包括哺乳动物）体内的应用，且他已在 2012 年 12 月 12 日提交了专利申请。这场天价的专利争夺战，最终以张锋的巨大阶段性胜利告一段落。2020 年的诺贝尔化学奖授予了杜德纳和沙尔庞捷，两位女神或许也没有必要再去计较专利的那些事了。

　　2016 年 1 月，美国著名科学家、时任美国总统科技顾问、麻省理工学院教授、布罗德研究所所长埃里克·兰德（Eric Lander）在《细胞》杂志上发表长篇文章《基因编辑英雄谱》（The heroes of CRISPR），介绍 CRISPR 技术发现过程中的英雄人物。兰德是《自然》杂志 2001 年关于人类基因组初稿的主打文章的第一作者，其科研实力和组织能力不容小觑。

　　2020 年，*The CRISPR Journal* 的执行编辑和《自然·遗传学》的创刊编辑凯文·戴维斯（Kevin Davies）出版了《编辑人类：CRISPR 革命与基因组编辑的新时代》（*Editing Humanity: The CRISPR Revolution and the New Era of Genome Editing*）一书。这本新书和《基因编辑英雄谱》一文都提到，是 20 世纪 90 年代西班牙微生物学家弗朗西斯科·莫伊察（Francisco Mojica）在研究嗜盐古菌的时候最先察觉到了 CRISPR 异样的重复基因序列。

他和很多科研人员，都是能承受 "冷板凳" 的幕后英雄。

基因编辑技术的新功能——核酸检测

在疫情之前，张锋最为人所知的研究就是基因编辑。疫情当前，世界迫切需要的不是 "编辑" 核酸，而是 "检测" 核酸。2017 年 4 月，张锋在《科学》杂志上发表论文称，其团队发明了基于基因编辑的病毒检测技术，这项检测技术被命名为 SHERLOCK（specific high-sensitivity enzymatic reporter unlocking）。这项与神探夏洛克·福尔摩斯同名的检测技术，可以让被切割的 RNA 形成条带，形成视觉可见的线索，并直观展示出来。相比于传统的 PCR 检测，SHERLOCK 检测技术准确度更高，而且价格和检测所需时间也大大减少。

在新冠肺炎疫情暴发后，2020 年 9 月，张锋团队在《新英格兰医学杂志》发表《使用 SHERLOCK 一站式技术检测新冠病毒》（Detection of SARS-CoV-2 with SHERLOCK one-pot testing）的文章，公布了升级版的新冠病毒检测流程。升级版在样本制备过程中通过加入磁珠富集样本中的 RNA，提高 PCR 反应中的起始 RNA 数量，进一步提高检测灵敏度。此外，升级版还精简了磁珠富集 RNA 的操作步骤，让整个 RNA 富集过程不超过 15 分钟。双盲检测结果表明，SHERLOCK 升级版能够达到 93.1% 的灵敏度和 98.5% 的特异性。

期待生物科技领域的"登月"与"升空"

2020 年 2 月，笔者在中国科普网上发表的《科技防疫，一"码"当先》中提到，相比于我国航空领域的"上九天揽月"和我国勘探领域的"下五洋捉鳖"，关乎我们 14 亿人口生命安全的防疫系统显得相对落后。笔者本人既热爱基因与核酸科技，也对外太空的探索非常神往。所以，致敬这些在疫情期间给人类带来希望的人们的同时，更是期待越来越多的优秀人才能关注生物科技和全球健康问题。

在美国医药界还有一个来自南非的风云人物——美国华裔首富陈颂雄（Patrick Soon-Shiong Chan），别名黄馨祥。陈颂雄创造性地利用可以携带疏水物质的白蛋白作为紫杉醇的载体，解决了紫杉类药物难溶于水的世纪难题。在 2017 年马斯克成为洛杉矶首富之前，陈颂雄曾是洛杉矶首富。时过境迁，不到 5 年的时间，陈颂雄和马斯克的实力和影响力已不在同一个水平线上。

越来越多的人在用自己的智慧改变着世界。新冠肺炎疫情正在改变世界的格局，包括人才的流动。这两年，学成回国的人越来越多，我们有理由相信，越来越多改变世界、引领科技发展的人，将从中国本土走出来。笔者也希望这本书能成为垫脚石，让充满好奇和勇于探索的人更好地认识和了解核酸这一生命的密码，为他们将来在科技领域创造新的成就打下基础。

前世今生的金标准：抗原和抗体替代不了的核酸

　　无论是已存在多年的艾滋病，还是新发的新冠肺炎，疾病的检测方法包括抗原检测、抗体检测和核酸检测。抗原和核酸是病毒自带的，检测评估的是当前是否感染；而抗体是宿主应对抗原时产生的，检测评估的是感染史。抗原检测和抗体检测属于免疫检测，比核酸检测要快。抗原、抗体结合后可以借助化学反应发光或发色，所以更容易被检测到。这类检测不需要 PCR 扩增，不需要复杂的样本加工处理，一旦检测试剂开发成功，比较容易推广使用，甚至有的检测可以在家中进行。但是，由于有各种干扰因素的存在，抗原、抗体反应会出现较高的假阳性。此外，抗体检测需要血清样本，抗体也不会在感染病毒后立即产生，感染早期的抗体检测容易造成假阴性。核酸检测工具的设计开发很快，一旦知道了所需要检测的核酸序列，通过计算机软件，对比已有核酸数据库，可以在几分钟内设计出既灵敏又特异的引物。因此，核酸检测成为包括艾滋病和新冠肺炎在内的病毒检测的金标准。

第5章

浴火重生：生命科技的新时代

- ◆ 老药新用，在新冠肺炎治疗中焕发新春的老药
- ◆ 授人以鱼，单克隆抗体与舶来的免疫力
- ◆ 技术展望，从核酸疫苗到核酸抗癌药
- ◆ 核酸补品，无价值的 DNA 与可能无价的 NAD
- ◆ 前世今生的孟德尔：第二定律用于海选新药

　　本书讲的是核酸的前世与今生，"前世"是一段以核酸为主角的科学史、瘟疫史、抗疫史、防疫史，而"今生"不但有肆虐的 RNA 病毒，还有疫情催生的新技术和发展机遇。这一章介绍的是以核酸疫苗为代表的新技术引爆的生物医药科技发展大时代。

　　2021 年 11 月 1 日，《科技日报》发表的短文《新技术为 RNA 治疗创造新靶点》指出：近年来，mRNA 相关技术快速发展，成为生物医药领域方兴未艾的前沿热点，目前全球众多科研团队和医药企业都在竞相研发针对各种流行病和癌症的 mRNA 药物或疫苗。在新冠肺炎疫情期间，mRNA 技术也不负众望地崭露头角。相比传统疫苗研发工艺，mRNA 新冠肺炎疫苗作为新型疫苗研发路径之一而备受瞩目。可以说，新冠肺炎疫情既是检验 mRNA 技术的练兵场，又为它提供了在应用中迭代进步的重要机遇。

老药新用，在新冠肺炎治疗中焕发新春的老药

新冠肺炎疫情初期，许多研究都把焦点放在治疗重症患者、拯救生命、缓解医院压力这些目标上。地塞米松这种类固醇激素药物能抑制过度活跃的免疫应答，能降低重症患者的死亡率。单克隆抗体是另一个非常成熟而又"屡试不爽"的药物。只不过随着疫情后期病毒变异的加速，生产出来的单克隆抗体随时会变得无效。加上单克隆抗体价格昂贵，需要在医院注射给药，因此其使用受到很大限制。

当新冠肺炎疫情肆虐的时候，各国科学家都在积极寻找最有效的治疗方法和研发新的药物。但是，在如此紧急又危险的情况下，根本没有时间等待新药去治疗患者、防治疫情。这时，"老药新用"也是一个没有办法的办法。有东西可用，总比没东西可用要好。近年来，这种事例也越来越多见了，不论是制药界还是科研界，都越来越看重如何让老药找到新的用途，"焕发青春"。比如，早在 1989 年就开发出来的一款药物西地那非（sildenafil），原本是用于治疗肺源性高血压的，但现在它变成了大名鼎鼎的"伟

哥（Viagra）"，用于治疗勃起功能障碍。另一个成功的案例就是叠氮胸苷（azidothymidine），这原本是一款失败的化疗药物，但是在 20 世纪 80 年代被用来治疗 HIV 感染。

技术的进步使大规模的药物筛查成为可能，并且"老药新用"对于制药企业而言，也能节省很大的成本。一般来说，一款新药上市的周期大约是 10 年，平均成本至少 10 亿美元，而且新药开发成本还在逐年上涨。面临新药开发不断攀升的天价费用，科研人员除了把目光重新投到已上市的老药身上，还投到那些在临床试验中失败、没能顺利上市的药物。非专利药，或者说仿制药（generic drug）是最容易进行再定位的药物。这些药物上市多年，其安全性毋庸置疑，而且这些药物价格低廉，容易购买，所以比较容易开展临床试验。一旦这些药物获批了新的适应证，或者更改了一些配方，也都是可以重新申请专利保护的，这对于制药公司具有很强的吸引力。2015 年出现了一本新的杂志《改变药物用途、拯救老药及老药再定位》（*Drug Repurposing, Rescue and Repositioning*），值得关注。

2020 年，世界卫生组织在称为"大团结"（SOLIDARITY）的全球临床试验中先后推出了几种最有希望治疗新冠肺炎的老药，其中有抗乙肝病毒药物（干扰素）、抗艾滋病药物（洛匹那韦+利托那韦）、俗称"人民的希望"的抗埃博拉病毒药物（瑞德西韦）、抗疟疾药物（氯喹和羟氯喹）。然而，结果都不尽如人意。2020 年 12 月，《新英格兰医学杂志》发表了名为《大规模简单试验引出复杂问题》（A large, simple trial leading to complex questions）的文章，公布了这几种治疗方案的中期结果。研究人员从 30 个国家 405 家医院挑选出 11 330 例成人患者，随机分成两组：一组患者分成几个小组，分别用上述方案中的一种进行治疗，另一组患者接受各医院的标准治疗，在治疗 28 天后对两组的死亡率等数据进行比较。在这项研究中，研究者发现没有一种药物能明显降低整体或任何分组的死亡率或住院时间。

　　2022 年 4 月 21 日，世界卫生组织对发表于 2020 年的新冠肺炎治疗指南进行了更新，对轻症患者（无进展到重型或危重型的迹象），强烈推荐使用 Paxlovid。随后，Paxlovid 被纳入我国《新型冠状病毒肺炎诊疗方案（试行第九版）》，引起广泛关注。还没有中文名字的 Paxlovid 其实是由两个抗病毒药物（奈玛特韦 / 利托那韦，nirmatrelvir/ritonavir）混合而成，这两个药物跟瑞德西韦和莫努匹韦都以 vir 结尾，表明该类药物针对的是病毒本身。其实，利托那韦也有一个"老故事"，可以追溯到 SARS 疫情暴发的 2003 年。不过那时，辉瑞公司的初步研究在疫情平息之前并没有取得太大进展，在疫情结束后，这些药物被封存起来。当新冠肺炎疫情出现时，他们又把这个实验品推上了快车道，最终在 2021 年治疗新冠肺炎的试验中脱颖而出。与疫苗相比，抗病毒药物能攻击病毒的某一个弱点，意味着它可能对所有的变种都同样有效，不会像疫苗那样由于病毒发生变异而可能变得无效。

在"老西药"寻求突破之际，中药，特别是"三药"（金花清感颗粒、连花清瘟胶囊、血必净注射液）和"三方"（清肺排毒汤、化湿败毒方、宣肺败毒方），在此次疫情防治过程中，对于轻症患者、疑似患者的治疗取得了很好的效果。与西医治疗新冠肺炎的方式不同，中医将新冠肺炎分为几个阶段：初期是寒湿郁肺；中期是疫毒闭肺；重症时是内闭外脱等。根据不同时期、不同症状有针对性地用药。在所用药品中，最具有知名度的便是连花清瘟胶囊。连花清瘟胶囊是 2003 年 SARS 暴发期间我国研发的创新专利中药，对病毒性呼吸系统传染病具有广谱抗病毒、有效抑菌、退热抗炎、止咳化痰、调节免疫系统等作用。在 2020 年疫情暴发初期，便有抗疫一线医生通过以往的用药经验，对一些轻症患者和疑似患者使用了连花清瘟胶囊进行辅助治疗，结果大多数患者的临床症状得到缓解，并且一部分患者康复速度加快。

2020 年 3 月，钟南山院士团队在《药理学研究》杂志上发表《连花清瘟对新型冠状病毒（SARS-CoV-2）具有抗病毒、抗炎作用》〔Lianhuaqingwen exerts anti-viral and anti-inflammatory activity against novel corona-virus （SARS-CoV-2）〕的文章。该研究通过体外实验，显示连花清瘟胶囊能显著抑制新冠病毒在细胞中的复制，同时对新冠病毒感染细胞所致的炎症因子的基因过度表达有抑制作用。这意味着连花清瘟胶囊能通过抑制病毒复制及抑制宿主细胞炎症因子表达，从而发挥抗病毒活性的作用。该文章的发表为连花清瘟胶囊联合现有治疗手段治疗新冠肺炎提供了依据，但是这个体外实验的实际效果还需要更多的基于人体的药物试验和临床试验来验证。

中药治疗新冠肺炎的探索还在不断深入，而用中药治疗传染病最成功的例子应该是用青蒿素治疗疟疾。2021 年 6 月 30 日，在中国共产党成立 100 周年前夕，世界卫生组织宣布中国通过消除疟疾认证，中国从 20 世纪 40 年代每年报告约 3000 万疟疾病例，经过 70 年不懈努力到如今完全消除疟疾，是一项了不起的壮举。中国不仅在消除本国疟疾上取得了巨大成功，也为全世界疟疾的消除发挥了重大作用。2015 年，北京大学医学部著名校友屠呦呦，因为领导了抗疟神药青蒿素的研发，成为我国首位获得诺贝尔生理学或医学奖的科学家。这也是历史上第三个颁予疟疾研究的诺贝尔奖，此前的两次与疟疾研究有关的诺贝尔奖是 100 多年前的事了，分别是印度的罗纳德·罗斯爵士（Sir Ronald Ross）因为在按蚊的胃中找到了疟原虫而获得 1902 年诺贝尔生理学或医学奖，法国军医阿方斯·拉韦朗（Alphonse Laveran）因发现原生动物致病而获得 1907 年诺贝尔生理学或医学奖。2015 年，饶毅等人撰写的《呦呦有蒿》一书，以珍贵的史料、详尽而深入的访谈，翔实记录了以屠呦呦为代表的中国科学家的重大贡献以及青蒿素独特而漫长的研究历史。

人类和疟疾博弈的历史漫长，至今在有些地区仍在继续。疟疾在我国古代被称为瘴气。古人认为这种疾病是南方气候湿润多雨，动植物尸体腐烂后产生的气体不能很快散掉，最后聚集成一种有毒且致命的气体所导致的。我国多本史书对此现象均有记载，如《史记》："江南卑湿，丈夫早夭"。湿气跟关节炎等慢性疾病应该有联系，但是跟传染病之间的联系，目前鲜有科学证据支持。 疟疾一词真正的来源是意大利语中的 mal'aria，也是鬼气和污浊之气的意思，这倒与我国古人对瘴气的认识有异曲同工之处。湿气也好，鬼气也罢，气体当中本身没有导致疟疾的疟原虫，真正的元凶是蚊子。当然，蚊子容易在潮湿的地方生长繁殖。从这里我们也或多或少地看到，由于肉眼看不见细菌、病毒这些微生物，特别是在没有显微镜、没有基因检测技术的古代，要找到病因甚至是病原体，还真的不是一件容易的事。

虽然疟疾在我国已经绝迹，但全世界仍有 2 亿多疟疾患者，其中每年有大约 40 万人死于这种传染病，而 95% 的死亡病例来自非洲。这不仅是因为疟原虫的耐药性更强了，还因为贫穷和专项资金的缺乏。财富（wealth）与健康（health）的英文单词就一个字母之差，很多健康的问题确实也主要是经济发展的问题。我国的脱贫计划就一再强调要防止"因病致贫，因病返贫"。笔者于 2019 年去缅甸，看到了上个世纪末的中国乡村都很难看到的贫穷落后，深有触动。新冠肺炎疫情之后，各国和整个生物医药界对疫苗的重视，特别是核酸疫苗应用取得的巨大成功，也必将推动疟疾疫苗的进一步研发。大疫之后应该会有大的机遇。人类消灭疟疾，未来可期。

授人以鱼，单克隆抗体与舶来的免疫力

上一章讲述了疫苗的技术路线。在对病毒的治疗性药物研发上，大致可分为三条技术路线，分别对应由外及里的三道防线：在第一道防线，受体阻断剂或者抗体阻断病毒进入细胞；在第二道防线，当病毒核酸攻入人体细胞后，用类似于瑞德西韦或Paxlovid的药物抑制病毒在细胞中的复制和传播；在第三道防线，对于晚期重症患者，用地塞米松等类固醇类药物抑制大量病毒引发的免疫失控。

位于第一道防线的抗体（antibody），与之相关的还有受体（receptor）。从英文单词看不出这两个词有什么联系，但是在博大精深的中文里，把这两个词放在一起，立马让我们看到了其中的联系和区别。它们都有"体"字，表明是一种有形物质，就好比人体、染色体、肢体。"受"字跟"抗"字的意思显然正好相反，一个是接受，一个是对抗。不过，从结构生物学的角度来说，以新冠病毒和人体的关系为例，受体与抗体都是能与病毒的刺突蛋白对接的"另一半"，只不过受体位于细胞膜上，就如同营房城墙上可被利用的孔洞，而抗体是游动作战的士兵。"铁打的营盘，流水的兵。"如果我们不能使病毒远离人体，那么受体阻断剂就是第一道防线，也就是说通过受体阻断剂把城门上的漏洞和容易被病毒结合的大门堵死。一旦这一步失败了，病毒通过受体进入人体细胞内，那么免疫系统就会产生抗体（士兵），在体内与病毒"肉搏"。

冠状病毒表面的 S 蛋白可与细胞表面的血管紧张素转换酶Ⅱ（angiotensin-converting enzyme inhibitor Ⅱ，ACE2）受体结合，从而入侵细胞（图 5.1）。从理论上讲，没有受体，病毒就无法入侵，因此 ACE2 起着帮助病毒进入在细胞内复制的"桥梁"作用。由于导致 2003 年疫情发生的 SARS 病毒就是通过 ACE2 受体攻入人体的，因此这次没有太费周折就确定了 ACE2 受体是新冠病毒的靶点。

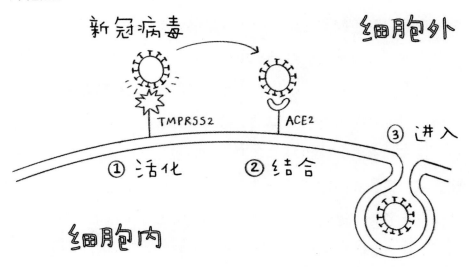

图 5.1　人类细胞的 ACE2 受体作用机制

如上所述，大多数感染人类的冠状病毒都能与哺乳动物细胞上的某种特定受体结合。SARS-CoV 和 HCoV-NL63 利用的是 ACE2。需要特别指出的是，这个 ACE2 并不是为病毒而生的，其本身具有非常重要的生理功能。ACE2 最初被确定为 ACE 的同源（或变异）蛋白，因此得名。ACE 可以促进血管紧张素 I（Ang I）形成血管紧张素 II（Ang II），是一种众所周知的调控血管收缩的酶，具有引起血管壁收缩和使血管管腔变窄的功能。而 ACE2 可以对抗和平衡 ACE 的作用，从而使血管壁放松，这二者是肾素－血管紧张素系统（RAS）的重要成员。

受体阻断剂最成功的应用应该是 β 受体阻滞剂。2021 年 5 月，腾讯网刊登一篇文章《成就了 3 个诺贝尔奖的药究竟有何用》？其中提到 β 受体阻滞剂被尊为"200 年来继发现洋地黄后的最伟大发现"。百年间和它相关的诺贝尔奖就有三次，产生了四位诺贝尔生理学或医学奖获得者。2021 年 7 月，世界卫生组织官网中文版上有一篇新闻稿《世卫组织建议将救命的白细胞介素 -6 受体拮抗剂用于治疗 2019 冠状病毒病患者，并敦促药企参与快速增加患者用药的努力》。2022 年 3 月，国家卫生健康委颁发《新型冠状病毒肺炎诊疗方案（试行第九版）》。该方案在"免疫治疗"部分包括了糖皮质激素和白细胞介素 6（IL-6）抑制剂（托珠单抗）。

谈到"受体"主要考虑的是发病机制，即"城门"是如何被攻破的，而谈到"抗体"主要考虑的是作战机制。2022 年 7 月，媒体上有两则新闻刷屏，一则提到全球唯一预防新冠肺炎的药物落地海南，另一则提到首个国产新冠肺炎特效药上市。其实，这两则新闻中提到的药物都是抗体。前一章讲到的疫苗，采用的是"授人以渔"的策略，让人体学会甄别病毒，主动产生抗体去应对病毒。而对于免疫功能受损或者免疫力低下的人，他们的机体不会"渔"，即使接种了疫苗也不能产生足够的抗体，就只能给他们的机体现成的"鱼"了，这个现成的"鱼"就是制药企业生产的抗体。疫苗是主动免疫，让自己的免疫系统产生抗体，而外源性抗体是属于被动免疫。

抗体治疗病毒性传染病，这不是什么新概念或新技术。之所以被冠以"全球唯一预防新冠肺炎药物"的美誉，是因为 Evusheld（恩适得）的保护作用可长达 6 个月，可以在人体还没感染病毒之前的很长时间里"时刻准备着"，所以可以起到预防的作用。该抗体药物是由两种全人源长效单克隆抗体（替沙格韦单抗和西加韦单抗）组成的。被新闻报道的"首个国产新冠特效药"，是由安巴韦单抗和罗米司韦单抗组成的，该联合疗法于 2021 年 12 月获得国家药品监督管理局上市批准，同样也写入《新型冠状病毒肺炎诊疗方案（试行第九版）》。

抗体简史

世界上第一个诺贝尔生理学或医学奖于 1901 年颁发给了德

国科学家埃米尔·冯·贝林（Emil von Behring），奖励他在血清治疗白喉领域的成就。1889 年，贝林受科赫（病原细菌学奠基人，1905 年诺贝尔奖获得者）的邀请加入了柏林传染病研究所。随后的 1890 年，他在这个研究所奠定了血清疗法的基础，并与日本的北里柴三郎合作发现了破伤风抗毒素。1891 年，贝林开始研究白喉（diphtheria）的抗毒素，贝林给一名白喉病患儿注射了含有白喉抗体的血清，结果患儿的病情出现明显好转。在此期间帮助贝林制备抗血清的保罗·埃尔利希（Paul Ehrlich）获得了 1908 年诺贝尔生理学或医学奖，获奖理由是对整个免疫学的贡献。

2020 年 9 月，《知识分子》商周专栏发表了《谁是自身免疫之父？》，该文的第一句是："遇事不决，量子力学；机制难寻，肠道菌群；病因无迹，自身免疫"。以这种诙谐的方式开头之后，该文写道：1901 年，德国科学家保罗·埃尔利希提出了"自身毒性恐惧（horror autotoxicus）"这一概念，其中的自身毒性指的就是自身免疫。1854 年出生的埃尔利希是一个全才，在多个领域都取得了非凡的成就。在血液学领域，他发明了新的染色方法，首次可以把血液中的淋巴细胞和中性粒细胞区分开来；在微生物学领域，他发明了治疗梅毒的特效药物——砷凡纳明；在肿瘤领域，他则是癌症化学疗法的先驱。不过埃尔利希最大的成就，还是在免疫学领域。埃尔利希之所以获得诺贝尔奖，主要是因为他在体液免疫方面的工作，一方面是对血清中抗体的效价定量研究，另一方面是他首次提出了抗体产生的理论——侧链学说。

埃尔利希于 1897 年提出侧链学说：细胞表面存在一些可以与外源异物（毒素）结合的侧链，而这些侧链是有感应的，一旦与外源异物结合，进一步激发相关抗体产生。埃尔利希于 1891 年 10 月发表的《免疫力的试验性研究》一文首次使用了"抗体"（德语 Antikörper）一词。他第一次提出了抗体的分子模型理论，认为抗体有很多结合位点，这些位点与外源异物结合，这个外源异物就是抗原。他还从不同细胞被染料着色的差异想到用化学物质杀伤病原体，这成为癌症化疗最早的理论基础。

将血清 / 血浆中的抗体用于疾病的治疗，贝林和北里柴三郎被认为是该疗法的鼻祖，长期以来，恢复期血清 / 血浆被尝试用于治疗流感病毒、呼吸道合胞病毒（RSV）、埃博拉病毒以及其他冠状病毒的感染。虽然该疗法在临床治疗中并不少见，但其运用至少存在以下局限性：（1）大面积推广这种疗法需要很多康复者自愿献血，而大多数康复者身体比较虚弱，能献血者以及可献血量都有限；（2）每个康复者血浆中抗体含量可能有很大差异，导致没办法控制血清使用剂量，而临床应用的技术和产品都要求精确定性和定量；（3）处理后的血浆必须确认完全除掉新冠病毒以及病人可能携带的其他致病病毒（如艾滋病病毒）；（4）即使没有致病病毒，血浆中还含有较多杂质，受血者有可能产生免疫排斥反应。

直到 1975 年，乔治斯·克勒（Georges Köhler）和塞萨尔·米尔斯坦（César Milstein）发明了单克隆抗体生产技术，抗体才真正成为一种药物。他俩也因此获得了 1984 年诺贝尔生理学或医学奖。

下面简单介绍一下有关抗体的知识。抗体是免疫球蛋白（immunoglobulin，Ig）超家族中的一种。免疫球蛋白是化学结构上的概念，而抗体是生物学功能上的概念。抗体的化学基础都是免疫球蛋白，但并不是所有的免疫球蛋白都具有抗体的作用。顾名思义，免疫球蛋白显然是属于球蛋白 (globulin) 中的一种。虽然球蛋白的形状像球，但只是球状蛋白（globular protein 或 spheroprotein）中的一个特定类型，是结构比较简单的球状蛋白。值得一提的是，球蛋白的英文 globulin 跟珠蛋白的英文 globin 不要搞混了。珠蛋白是含血红素的球状蛋白，其大家族中有我们常听到的血红蛋白（hemoglobin）和肌红蛋白（myoglobin）。

天然抗体主要由淋巴细胞中的 B 细胞所分化出来的浆细胞（也称为效应 B 细胞）制造。我们一般会认为抗体存在于血液中，因此是流动的，像一个大城市中的"流动人口"。其实抗体中也有一些是"固定人口"，它们固定在 B 细胞表面的细胞膜上。免疫球蛋白的基本分子结构是四条多肽链：两条糖基化重链（heavy

chain，H 链）和两条非糖基化轻链（light chain，L 链）。每条
重链和轻链都有氨基端 (N 端) 和羧基端 (C 端)。轻链与重链由二
硫键连接形成一个四肽链分子单体，这个单体是构成所有免疫球
蛋白分子的基本结构（图 5.2）。这个结构有点像晾衣杆。抗体结
合抗原的过程，也如同用晾衣杆去够取衣架。

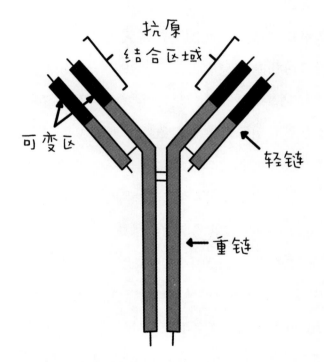

图 5.2　免疫球蛋白分子的基本结构

　　几乎所有的微生物都可以触发抗体的免疫应答。若要成功识
别并清除各种微生物，必须有丰富多样的抗体。抗体的粗略结构
虽然像晾衣杆，它的"抗原结合位点"（触碰衣服架的那个位置）

可比晾衣杆"专一"多了。就像一把钥匙只能开一把锁一般，一种抗体仅能和一种抗原结合。这些抗体选择性地与入侵人体的外来物质（抗原）结合，而不与人体正常组织结合，就是所谓的特异性。抗体和抗原通过非共价键的交互作用结合，虽然作用力不比共价键强，但这种结合还算紧密，又具有可逆性。据估算，人体可以产生大约 100 亿种抗体，每一种都可以与特定抗原表位相结合。人体用来合成蛋白质的全部基因大约有 2 万个，其中用来编码免疫球蛋白的基因只有几十个，这几十个基因怎么能生产出100 亿种不同的抗体呢？这还得从抗体的化学结构说起。尽管所有的抗体大体上都很相似，然而在免疫球蛋白 Y 形分叉的两个顶端有一小部分可以发生非常丰富的变化。每一种特定的变化可以使该抗体和某一个特定的抗原结合。这种极丰富的变化能力，使得免疫系统可以应对同样非常多变的各种抗原。

　　免疫球蛋白重链含有 450～550 个氨基酸残基。每条重链含有4～5 个链内二硫键所组成的肽环。由于氨基酸组成的排列顺序以及二硫键的位置、数目等的不同，重链可分为五大类，分别以希腊字母 α、δ、ε、γ、μ 表示，它们所组成的免疫球蛋白相应地被称为 IgA、IgD、IgE、IgG、IgM，如图 5.3 所示。α 链、δ 链、γ 链含有 4 个肽环，而 ε 链和 μ 链含有 5 个肽环。IgA 和 IgM 不是一根单一的"晾衣杆"，而是几根"晾衣杆"捆绑在一起，分别形成二聚体和五聚体。

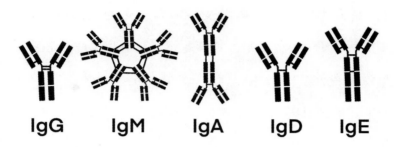

图 5.3　免疫球蛋白的五种类型

　　人体免疫球蛋白虽然看着是一个蛋白质，但其中每一条重链和轻链的可变区是由若干个基因片段（亚基因）编码产生的，其中编码重链的基因座位于第 14 号染色体上，包含了 65 种不同的可变区基因，而编码 λ 和 κ 型轻链的基因座则位于第 22 号染色体和第 2 号染色体上。这些基因与其他结构域基因的组合，可以产生大量高度差异的各种抗体。这一组合的过程被称为"V(D)J 重组"，其中，V（variable）基因片段编码的是图 5.2 中的可变区，而 D（diversity）和 J（joining）基因片段编码图 5.2 中的恒定（constant，C）区。由于 D 基因片段编码的区域只存在于重链而不存在于轻链中，有时候重组结果中没有 D 基因片段，所以将 D 加括号表示。

　　在生物学中，由单一细胞繁殖而成的细胞群落称为克隆；由许多 B 细胞克隆形成的抗体，称为多克隆抗体。针对肿瘤的抗体也是通过类似的机制生成的，但是由于肿瘤发生过程中会产生一些正常情况下体内不存在的蛋白，这些"崭新"的蛋白会像外来抗原一样刺激免疫系统，从而产生多克隆抗体。

抗体是人类应对传染病以及肿瘤等疾病的天然灵药，那么如何提高抗体治疗的效果呢？说来也简单，那就是要将多克隆抗体转变为单克隆抗体。但做起来又谈何容易，科学家为此摸索了几十年，直到 1975 年，才找到解决这个问题的方法——杂交瘤技术。

2020 年 11 月，时任美国总统特朗普感染新冠肺炎住院，后来白宫医生公开了一份总统药方（图 5.4）。药方中最引人注目的或许也是最有效的成分就是再生元（Regeneron）公司的抗体药。

图 5.4　特朗普的新冠肺炎治疗药方

抗体检测

PCR检测核酸呈阳性一直是新冠肺炎临床确诊最主要的指标，

但这种检测方法存在假阴性、假阳性的情况以及检测条件受限制等问题。随着人们对 PCR 局限性认识的逐渐提高，确诊标准已经从最初单一的病原学证据转变为病原学结合血清学证据。

新冠肺炎发病 3~5 天后，血清特异性抗体逐渐产生。首先出现的是免疫球蛋白 M（IgM），在 5~7 天产生；然后出现与抗原亲和力更高的免疫球蛋白 G（IgG），IgG 出现的时间因人而异，一般需要几天到几周时间（图 5.5）。IgM 是迄今为止在人体循环系统中被发现的最大抗体，它的大块头决定了它的短暂命运。而 IgG 分子量非常小，维持时间长，消退慢，浓度高。

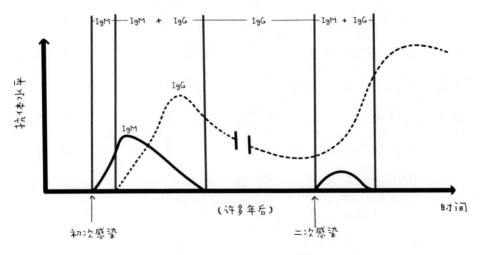

图 5.5　抗体的寿命

目前临床中常用的抗体血清学检测方法有三种：酶联免疫吸附试验法、化学发光免疫分析法、胶体金免疫层析法。其中应用最广泛的是胶体金免疫层析法，该方法操作简便，无须任何仪器设备，操作者、操作空间不受任何限制。与抗体血清学检测相比，核酸检测能够检测到处于窗口期（感染病毒到血清特异性抗体阳转的时间）的患者，是新冠病毒检测的金标准，但是对检测设备或平台要求较高，高灵敏度的 RT-PCR 仪价格昂贵，对实验室的洁净度和操作人员要求也较高。此外，核酸检测耗时较长，考虑到样本运输、样本积压的情况，通常最快 24 小时才可以报告结果。与核酸检测相比，抗体血清学检测具有标本更易获取且标本质量有保证、操作简单快捷、可以降低医护人员在标本采集和检测过程中被感染的风险、易于基层实验室展开筛查工作等优点。

如果说核酸检测法检测到病毒 RNA 是病毒存在的直接证据，那么抗体检测法检测到患者血液中被刺激产生的抗体就是病毒存在的间接证据，对临床有提示作用。当核酸检测为阴性时，增加 IgM 和 IgG 检测，可以弥补核酸检测容易漏诊的缺点。《新型冠状病毒肺炎诊疗方案（试行第七版）》明确将抗体检测结果纳入确诊病例的诊断标准，以及疑似病例的排除标准。如果疑似病例中血清特异性 IgM 和 IgG 阳性，IgG 由阴性转为阳性或恢复期较急性期有 4 倍及以上升高，也可以作为新冠病毒感染的诊断依据。而疑似病例的排除标准，则需要同时满足病毒核酸检测结果阴性以及发病 7 天后新冠病毒 IgM 和 IgG 抗体仍为阴性两个条件。不过，尽管抗体检测十分灵敏，由于存在窗口期，诊断较为滞后而达不到早诊断的要求，并且抗体检测的也不是病毒本身，所以不能作为新冠病毒检测的金标准。

先说说乙肝病毒的检测，乙肝病毒属于嗜肝 DNA 病毒之一，它钟爱人类肝脏，会在肝内不断大量自我复制。乙肝病毒由三部分组成：外衣壳、内衣壳和核心，其形态就像一颗榛子夹心巧克力球。外衣壳由双层脂质与蛋白质构成，内含表面抗原（HBsAg）。内衣壳同样也包含着乙肝检测所需要的重要抗原，核心抗原（HBcAg）和 e 抗原（HBeAg）。人们日常去医院检查所做的"乙肝五项"，其实就是对乙肝病毒（HBV）进行抗原、抗体检测——表面抗原（HBsAg）、表面抗体（HBsAb）、e 抗原（HBeAg）、e 抗体（HBeAb）和核心抗体（HBcAb），一般抽取静脉血就可进行检测。在检测过程中，能够反映乙肝病毒 DNA 编码的只有表面抗原和核心抗体（核心抗原不溶于液体，所以在检测过程中通过对核心抗体的检测间接检测核心抗原）。

再说说 HIV 病毒的抗体检测，除了核酸检测和病毒培养，目前第四代抗原、抗体联合检测（以下简称"四代检测"）是临床排除 HIV 感染的主要方法。通常情况下，从患者感染 HIV 到血液中可检测到与其相关的抗体大约需要 12 周，这段时间为窗口期。若病毒携带者处于窗口期，那么单纯的抗体检测便检查不出来，容易造成假阴性的结果。但与抗体相比，血液中 HIV 抗原 p24 的产生仅需要 3~6 周，所以在大大缩短 HIV 携带者窗口期的同时，四代检测也提高了 HIV 阳性结果的准确率。HIV 的核酸检测也可以缩短窗口期，甚至可以比四代检测更快（感染后大约 10 天）检测出 HIV 的存在，不过这种技术所需要的成本较高，且需要专业人员进行操作，因此在临床上并不普及。除了去医院进行艾滋病筛查，人们也可以通过 HIV 试剂盒进行自检，如 HIV 口腔黏膜渗出液试剂盒。这种快速检测试剂是以人工合成蛋白为抗原，快速定性检测口腔黏膜渗出液中是否含有 HIV 抗体。

技术展望，从核酸疫苗到核酸抗癌药

前面提到，疫苗可分为预防性疫苗和治疗性疫苗两种。随着新冠病毒 mRNA 疫苗的上市和广泛使用，mRNA 技术得到迅速推广应用。2021 年 9 月，《自然综述·药物发现》杂志刊出《mRNA 技术市场的演变》（Evolution of the market for mRNA technology）一文，据文章所述，专注于 mRNA 技术的五家上市公司在 2019 年底的总市值约为 150 亿美元，到 2021 年 8 月则已超过 3000 亿美元，不到两年的时间增长了 20 倍，估计这也是历史上绝无仅有的。

mRNA 技术并不是为新冠病毒而生的，其研发已经有至少三四十年的历史了。自从中心法则为世人所熟知，科学家很早就设想利用 mRNA 作药物来合成蛋白，补充某些患者身体缺失或不足的蛋白，从而达到治病的目的。目前 mRNA 技术的应用主要有三大方向：预防性疫苗、治疗性疫苗以及治疗性核酸药物。

一般说到疫苗，首先想到的是它的预防作用。而治疗性疫苗是指在已感染病原微生物或已患有某些疾病的机体中，通过诱导特异性的免疫应答，达到治疗或防止疾病恶化的目的。其实，这也不难理解，比如，前文提到的新冠疫苗在预防新冠肺炎时，对轻症和重症的保护力是不同的。我们不妨仔细琢磨一下，什么叫重症保护力？这是指疫苗没能避免新冠病毒对人体的入侵和破坏，但是疫苗增强了免疫系统的战斗力，没让新冠病毒把感染者彻底打败。新冠疫苗的这种作用，其实就可以被当作是疫苗的治疗作用。再以女性常见的 HPV 感染为例，很多中青年女性早就感染了HPV，目前在我国上市的二价和四价 HPV 疫苗已经错过了"预防"的作用。这个时候，就需要用 HPV 治疗性疫苗来打破慢性感染者体内免疫耐受，重建或增强免疫应答，从而治疗 HPV 感染，阻断由 HPV 引起的癌前病变，促进病变组织消退。

随着 RNA 疫苗的一炮打响，用 RNA 制成药物来治疗各种疾病的时代加速到来。在 RNA 疫苗随着新冠肺炎疫情暴发应运而生之前，医药界最大的黑马，或者说最令人期待的是治疗癌症的嵌合抗原受体 T 细胞免疫疗法（chimeric antigen receptor T-cell immunotherapy，CAR T）。通过基因工程技术，将 T 细胞激活，并装上定位导航装置 CAR（肿瘤嵌合抗原受体），生成CAR T 细胞，专门识别体内肿瘤细胞，并通过免疫作用释放大量的多种效应因子来高效地杀灭肿瘤细胞，从而达到治疗恶性肿瘤的目的。

CAR T 疗法以及其他的细胞药物技术都需要从患者体内提取细胞进行体外培养和基因改造。因为免疫排斥，从一个人体内提取的 T 细胞无法用于另一个人，因此 CAR T 疗法高度个性化，无法规模化开发。目前一个主流的解决方案是在实验室里去掉 T 细胞引发人体排斥反应的标签以开发出通用的 CAR T 细胞，这方面的研究和临床试验也在火热进行中。或许由于 RNA 新冠疫苗的成功，针对 CAR T 疗法，科学家也在探索类似的技术路线。这个新的技术路线绕过了从人体内提取细胞、进行基因改造、再重新输回人体的复杂流程，而是像 RNA 新冠疫苗那样直接把一段 RNA 分子注入体内，在体内实现 CAR T 细胞的改造。正是前面提到的用 CAR T 治疗小鼠心力衰竭的团队提出了这个新的思路，他们于 2022 年 1 月在《科学》杂志上发表了封面论文《体内产生的 CAR T 细胞治疗心脏损伤》（CAR T cells produced in vivo to treat cardiac injury）。这一次研究者不再从小鼠体内提取 T 细胞，而是在实验室里制造了一些脂质分子形成的空心纳米颗粒，里面包裹可以指导生产嵌合抗原受体的一段 RNA 分子。这样的脂质颗粒可以在体内改变 T 细胞，产生特异的 CAR T 细胞，达到治疗效果。如果这个技术路线确实可行，那么它就提供了一种设计简单、具备通用性的细胞药物生产手段。或许将来治疗癌症就像我们现在打疫苗这么高效、安全和方便了。

核酸补品，无价值的 DNA 与可能无价的 NAD

　　国内一度有不少推销核酸饮料的商家。其实，我们平时吃的任何植物或动物食品都由细胞组成，显然里面都有细胞核，都有核酸（DNA）。笔者实在想不出商家所谓的核酸饮料里面的核酸是什么样的存在形式。如果核酸补品是指摄入外源 DNA，显然是没有价值的。

　　有专家在谈到防疫期间如何提高个人抵抗力时，曾提到：一定要吃高营养、高蛋白的东西，每天早上准备充足的牛奶，充足的鸡蛋，吃了再去上学，早上不许喝粥。该专家的言论随后在网上引发热议，因为建议小孩不要喝粥而要喝牛奶会被有些人贴上了"忘本"甚至"崇洋媚外"的标签。虽然现在还没有确切的科学依据或实验来证明喝牛奶比喝粥更能抵御新冠肺炎，但牛奶中富含蛋白质，对儿童的生长发育和整体免疫力的提高是有益无害的。并且，针对病毒的抗体产生要靠蛋白质，绝大部分患者（不论是新冠肺炎还是其他慢性病）的康复都要保证营养，尤其是蛋白质的摄入，不能只靠喝粥和吃咸菜。

　　核酸饮料没用也好，喝牛奶提高免疫力也好，都比较容易说清楚。笔者这里提到的另外一个含有"核酸"二字的保健品，听起来要高深得多了，这就是烟酰胺腺嘌呤二核苷酸（nicotinamide adenine dinucleotide，NAD）以及它的前体烟酰胺单核苷酸（nicotinamide mononucleotide，NMN）。NAD 的缩写跟 DNA 看着很像，但是在人体内发挥的作用完全不同。NAD 有一个更加通用的中文名称——辅酶 I ，它参与电子转递，是体内很多脱氢酶的辅酶，它的还原形式是 NAD^+。自 20 世纪初 NAD^+ 被发现以来，这种分子一直受到科学家的关注。动物研究显示，提高体内 NAD^+ 水平对改善代谢和年龄相关疾病显示出了良好的效果，甚至还显示出一些抗衰老的特性。

　　2017 年 3 月在《科学》杂志上发表的一篇研究报告中，哈佛大学医学院老年生物学中心联合主任戴维·辛克莱（David Sinclair）证明 NAD^+ 可以使老年小鼠组织和肌肉中老化的迹象发生逆转。2017 年 11 月在《自然》杂志上发表的一项随机对照试验显示，每天服用含有 NAD^+ 前体补充品的人在两个月内 NAD^+ 水平持续增加。2018 年 3 月，《细胞》杂志再次发表了辛克莱的文章，报道了 NAD^+ 在血管老化及其对肌肉健康影响背后的关键细胞机制中的作用。在一年时间内，在简称 CNS 的国际三大权威杂志《细胞》《自然》《科学》同时发文揭示 NAD^+ 的神奇功能和神秘作用机理，并对后续进一步的研究和产品开发表达了期待。

2018 年 2 月，美国《时代》杂志以《怎样活得更长更好》（How to live longer better）作为封面故事，探讨了抗衰老药物、宗教信仰、器官移植和基因对长寿的影响。这篇文章用大众能看懂的非学术性语言探讨了 NAD⁺ 对于调节细胞衰老和维持整个身体的适当功能的重要性。

但是，2021 年 1 月，《21 世纪经济报道》发表文章《起底"不老药"NMN：严监管来袭，李嘉诚加持的"网红"神药要走下神坛？》。该文指出，目前 NMN 在我国未获得药品、保健食品、食品添加剂和新食品原料许可，因此在我国境内 NMN 不能作为食品进行生产和经营。NMN 产品并未经过大量人群的临床试验，电商平台售卖的 NMN 产品多数只是美国 FDA 等认证的膳食补充剂。目前已发表的 NMN 有效性研究大多数尚停留在动物实验层面，这些效果能否在人体上同样产生，有待更扎实的临床试验研究数据作支撑。笔者也时不时被人问到是否有类似 NMN 所宣称的那种神药。我的简单回复是：你只需要不时上新闻网站去看看比尔·克林顿和比尔·盖茨的脸。如果 NMN 真有那么神奇，这两位应该不差钱也不差获取的渠道。

笔者认为，对那些总是期望通过神药来追求青春永驻和长生不老的人，健康的生活方式或许是性价比最高的办法。

前世今生的孟德尔：第二定律用于海选新药

2021 年 4 月，《自然·医学》杂志报道了美国哈佛医学院和英国剑桥大学的研究人员合作的研究论文《全基因组水平的孟德尔随机化分析为新冠肺炎的老药新用提供新靶点》（Actionable druggable genome-wide Mendelian randomization identifies repurposing opportunities for COVID-19）。笔者曾在波士顿退伍军人医院与该文章的第一作者连姆·加奇诺（Liam Gaziano）共用一个办公室，该文章的通讯作者亚当·巴特沃思（Adam Butterworth）也是笔者在剑桥大学学习期间的博士论文委员会成员之一，因此对他们的研究也是比较关注。

这项研究为满足治疗新冠肺炎的迫切需求提供了一种快速的筛选有效的"新用"老药的方法。为了确定与新冠肺炎相关的治疗靶标，研究人员基于转录和蛋白质组学数据进行了孟德尔随机分析，从 1263 种可操作蛋白（已获批准的药物或在临床开发阶段的靶向药物）中发现了三种蛋白（ACE2、IFNAR2、IL-10RB）对治疗新冠肺炎的潜力，并通过进一步的研究提示 IFNAR2 在新冠肺炎患者住院治疗中更可能发挥作用。

　　研究中使用的孟德尔随机化（Mendelian randomization）方法，其核心是运用遗传学数据为桥梁，来探索某一暴露因素和某一结局（比如疾病）之间的因果关系。因为和随机对照试验（randomized controlled trial，RCT）的可比较性相比，孟德尔随机化方法一直被称为"大自然创造的随机双盲试验"。RCT 是构建药物（蛋白质靶点）和疾病之间关系的"金标准"，但是其成本昂贵，耗时费力，因此研究者期望能够运用孟德尔随机化研究来预测 RCT 结果，以提高药物研发的成功率。

　　除了指导新冠药物的筛选，孟德尔随机化方法还能为各种复杂疾病快速提供候选靶向药物。2020 年 9 月，《自然·遗传学》发表《全表型组孟德尔随机化研究映射蛋白质组对复杂疾病的影响》（Phenome-wide Mendelian randomization mapping the influence of the plasma proteome on complex diseases）。该研究揭示了 65 种蛋白质和 52 种人类疾病的显著因果关系，并通过和现有药物 RCT 结果比对，发现有孟德尔随机化筛查证据支持的蛋白质靶点，其最终转化为上市药物的成功率有非常显著的提高。类似这样的方法，将极大地推动药物的筛选。

第 6 章

齐头并进：信息技术的大爆发

◆ 疫情信息，日点击量超十亿次的疫情地图

◆ 信息疫情，假新闻跟病毒同样危险

◆ 生物信息，奥密克戎名字背后的奥秘

◆ 统计预测，所有的模型都是错的？

◆ 前世今生的大数据，从蓝点到一片蓝海

如果疫情好比战争，那么信息技术显然是指挥战斗的重要环节。战场上只有少数指挥官，并且士兵绝对服从命令。但是战"疫"跟战争有很大的不同，疫情期间大家都在社交媒体上发声。这里面既有真实信息，也不可避免地有虚假信息和错误信息。"虚假信息（disinformation）"和"错误信息（misinformation）"的区别在于生产或分享不实信息的意图。前者指的是出于个人盈利等目的故意炮制的不实信息；后者指的是出于帮助他人的目的，传播的自认为真实、实则不实的信息。

新冠肺炎疫情，也让我们看到了生物信息研究的重要性，特别是在病毒基因组的生物信息学分析对病毒变异的追踪、大数据和人工智能对疫苗和药物的海量筛查以及"亡羊补牢"式的传染病预测预警研究等方面。

疫情信息，日点击量超十亿次的疫情地图

疫情地图

新冠肺炎疫情这个 21 世纪以来最严重的公共卫生事件发生后，全球卫生领域全力投入相关的科研和实战中。在数据信息方面，可见度最高的一个产品可能是约翰斯·霍普金斯大学疫情可视化数据图（以下简称"霍普金斯疫情地图"）。毕竟，抗疫跟打仗一样，首先要有一张实时地图，才能知己知彼，指挥若定。

这款由约翰斯·霍普金斯大学新冠病毒资源中心于 2020 年 1 月 22 日发布的疫情地图入选了《时代》杂志最佳发明榜单，被称为"2020 年必看数据源"。相关数据显示，从该疫情地图 1 月 22 日上线以来，每日平均使用量从 1 月底的 2 亿次，上升到 3 月初的 12 亿次，高峰时近 40 亿次。

疫情地图，其实并不是只有这一张，而是非常多。比如，国内读者常看到的各大门户网站推出的国内外疫情地图、哈佛大学与牛津大学合作研发的数据地图、美国疾控中心以及《纽约时报》和 CNN 等媒体构建的数据发布体系等，但霍普金斯疫情地图能脱

颖而出主要有以下几个原因：（1）先发优势。1月22日，在武汉还没有封城，全球还没意识到疫情严重性的时候，劳伦·加德纳（Lauren Gardner）就通过推特向世界宣告了霍普金斯疫情地图的诞生。（2）全球站位。跟单一国家或新闻媒体发布的地图不同的是，霍普金斯疫情地图及时搜集整理了来自中国相关网站、美国和欧洲疾控部门等的疫情数据，数据覆盖全球，更新及时，完整性和时效性甚至超过了世界卫生组织网站。（3）根正苗红。约翰斯·霍普金斯大学在医学和公共卫生方面的研究历史悠久，实力雄厚，公众愿意相信它作为学术机构的权威性和独立性。（4）中国学子的贡献。身为中国学子，最先参与开发的董恩盛和后来加入的杜鸿儒，对新冠肺炎疫情的担忧和关注早于大部分美国科学家。正是这样的专业敏感性和对疫情信息的敏感性叠加，使得他们较早意识到制作世界疫情地图的意义和价值。（5）强大后援。约翰斯·霍普金斯大学极强的学术敏感性，校方在发现这个疫情地图的全球关注度之后，迅速给予了相关团队强有力的支持，保证了这项工作的可持续性和专业性。

世界上很多IT巨头公司都有着非常美丽的故事，比如一两个辍学的人在车库里面研发出苹果电脑，在宿舍里搞出来现在市值千亿美元的社交媒体平台。这个霍普金斯疫情地图，也同样有着让人津津乐道的开局。2020年1月21日，博士一年级的中国学生董恩盛，和一年前才来到约翰斯·霍普金斯大学的博士生导师加德纳在两杯咖啡之后，达成一致意见，要做一个疫情数据地图。他们所在的院系——土木和系统工程系，与传染病学、病毒学八竿子打不着，但是实干的董恩盛，当晚加班七八个小时，第二天上午就上线了第一版疫情地图，然后他的导师在美国东部时间 22 日上午首次在推特上向全世界展示了第一张全球疫情数据地图的截图，恰好赶在了北京时间 1 月 23 日武汉封城防控措施开启，这一受全球关注的重大事件发生之前。

我国媒体也非常积极地报道了这一奇点事件，诸如"日点击超 10 亿""两名中国博士生操盘"这样的赞美之词见于诸多新闻报道。董恩盛本科毕业于重庆西南大学地理系，2012 年赴美国留学。后来加入的杜鸿儒毕业于天津大学化工学院，曾就读于英国爱丁堡大学化工材料科学专业和美国威斯康星大学麦迪逊分校工业工程及运筹学专业。他们的跨学科成长经历，值得公共卫生领域学子借鉴。

疫情的报告离不开信息的及时汇报和分享。疫情如战情，如果信息被隐瞒，甚至被篡改，后果非常严重。2003 年 SARS 疫情之后，我国花巨资打造了中国传染病疫情和突发公共卫生事件直报系统（以下简称"网络直报系统"），这个宏大工程的目的是要"实时"和"直报"，即使是基层乡镇卫生院也可以将各类传染性疾病直接报告至中国疾控中心，这不仅大大缩短了疫情上报时间，还规避了旧的层层上报体系可能导致的延误或潜在的瞒报风险。以前有些地方发生疫情后，担心影响旅游业和经济发展，便会出现隐瞒的情况，网络直报系统就能从技术上规避这种情况的产生。笔者相信，这次新冠肺炎疫情之后，我国在这方面的基础建设应该会得到进一步的重视。

新冠肺炎疫情暴发之后，整个世界都意识到了数据和信息系统在大型传染病预测预警中的重要性。2021 年 5 月 5 日世界卫生组织宣布将在德国首都柏林建立一个流行病预警中心，目的是监测并预警新出现的流行病威胁。2021 年 9 月，名为"世界卫生组织流行病和传染病情报中心"（WHO Hub for Pandemic and Epidemic Intelligence）的机构在柏林正式开始运作。该中心致力于快速分析数据，以预测、预防、监测、准备并应对全球范围内的流行病风险。

信息疫情，假新闻跟病毒同样危险

随着新冠肺炎疫情的暴发，一个在 2003 年就被提出来的概念——"信息疫情"（infodemic）再一次成为卫生领域的关注点。信息疫情是指"过多的信息（有的正确，有的错误）反而导致人们难以发现值得信任的信息来源和可以依靠的指导，甚至可能对人们的健康产生危害"。与 2003 年的 SARS 相比，2020 年开始的新冠肺炎疫情不仅仅是疫情本身在全球范围大流行，相应地，各种社交媒体信息也泛滥成"灾"，甚至有时候会导致"唾液淹死人"的情况。

信息疫情也引起了世界卫生组织的重视。2020 年 2 月，世界卫生组织总干事谭德赛说到："我们不只是在与病毒流行病作斗争；我们正在与信息流行病作斗争。假新闻比病毒更快、更容易传播，而且同样危险。这就是为什么我们与脸书、谷歌、Pinterest、腾讯、推特、TikTok、YouTube 等搜索和媒体公司合作，以应对谣言和错误信息的传播。"[1]

---

[1] 谭德塞讲话原文如下：We're not just fighting an epidemic; we're fighting an infodemic. Fake news spreads faster and more easily than this virus, and is just as dangerous. That's why we're also working with search and media companies like Facebook, Google, Pinterest, Tencent, Twitter, TikTok, YouTube and others to counter the spread of rumours and misinformation。

2020 年底，世界卫生组织开办了首届信息疫情培训班，笔者有幸通过选拔成为首期培训班的学员，并通过考核成为世界卫生组织认证的全球信息疫情专业技术人员。笔者参与这个培训班的第一份作业是创作一个由 17 音组成的俳句，文字和配图如图 6.1。我喜欢去小池塘里捕鱼，那是儿时美好的回忆。于是在图中把信息疫情比喻成把水搅浑的鱼儿，而我就是那个渔夫。

图 6.1　信息疫情管理

不论是疫情信息还是信息疫情，我们在解决之时都不可避免地要涉及信息系统。当我们说信息系统的时候，可能觉得这是国家和政府机构的事情，这样的思想导致很多国家项目不能落地，由于缺乏群众基础也就不能真正被广泛使用。而基于智能手机的健康码和行程码在我国疫情防控中的大规模使用，再次说明了实用和商业化运作的重要性。

从当下疫情防控结果来看，健康码为特殊时期在保证人员健康的前提下尽快恢复我国的经济建设做出了很好的高科技示范作用。我国的卫生和疾控部门应该加大健康码的推广力度和使用范围，除了用于新冠肺炎疫情的防控，健康码也可以用于其他传染病，特别是艾滋病的防控，让每一个利益相关者和潜在受害者都掌握高科技的防疫利器，让野蛮的病毒和恶意的疾病传播者无处遁形。健康码不仅可以查看传染病感染情况，还可以用来提高公民主动健康管理的积极性。

过去的十年，手机扫码技术在中国迅猛发展，让人们的生活方式发生了极大改变，各行各业的效率得到了极大提高。笔者于 2020 年 2 月在中国科普网上发表的《科技防疫，一"码"当先》一文被《学习强国》收录，在谈到二维码的作用时，除了大家耳熟能详的健康码，笔者还畅想了将病毒基因序列的数据也使用二维码的方式存储和传递。国际共享平台上的基因数据，ACGTU 这样的字符几万个连在一起，被大众形象地称为"天书"，基因数据解读难度大、费时长，非专业领域的科研人员甚至无从参与分析。类似冠状病毒的基因数据，其实并不复杂，只有 3 万个碱基，大约只有人类基因组的 20 万分之一。将 3 万个 ACGTU 这样的英文字母串在一起，完全可以通过电子邮件甚至微信直接发出去。问题的关键是，数据要完整，就像我们的银行账号一样，差一个字符都不行。现在有了二维码扫码技术，我们收付款时，再也不需要用到银行账号。同样的道理，病毒基因组的 3 万个英文字母的上报和解读，也可以通过二维码扫码技术来实现。

将好比"天书"的病毒基因数据二维码化，将目前由医院和疾控中心工作人员承担的基因数据分析大众化，必将极大地促进我国社会对大型传染病的防控能力。当医生甚至患者及其家属知道如何获取并且非常容易地将这些数据上传到相关部门的服务器，患者确诊的时间会大大提前，对病毒的快速溯源和对疫情的精准定性才能迅速实现。笔者于 2017 年作为通讯作者发表过这方面的学术文章，从理论和技术上证明该方法的可行性，并且类似的方法在临床上也有应用。

此外，用二维码存储的基因数据将更适合手机和计算机处理，提高分析的速度。二维码本身就有信息重叠的功能，即使二维码部分破损或模糊，依然能保持所保存信息的准确性。二维码在我国已经非常大众化，有很好的群众基础，它为我们日常生活中的衣食住行等各方面提供的方便和高效、展现的价值，也必将同样在全面防疫的新系统里面发挥重要的作用。

在 20 世纪 90 年代笔者上大学的时候，有些大学以打卡的方式监督学生们去操场晨练。今天，一些西方发达国家的用人单位也用类似的方法鼓励员工去践行主动健康的生活方式，比如说，对购买了体育馆年卡和每年定期做常规体检的员工给予医疗保险优惠。人是有惰性的，加上各种主客观条件的制约，导致非常简单而有效的健康之道"管住嘴，迈开腿"都难以落到实处。要真正地让全民主动健康起来，特别是让那些已经兼具亚健康状态和不健康生活方式的高危人群行动起来，需要两大利器：一个是如影随形的即时监督；一个是看得见、摸得着的激励。如果这个如影随形的监督就是我们手机上的健康码，那么激励也完全可以通过科技手段来实现，那就是国家层面的健康医疗大数据中心和覆盖全国的健康咨询公益服务网络。此次疫情过后的新型基础设施建设领域中的 5G 通信网络、大数据中心、人工智能都将极大地推动大数据为全民主动健康服务，让每个人的健康数据有如涓涓细流流向国家健康大数据中心，让凝聚健康医疗专家和人工智能智慧的健康咨询信息反馈到用户。这样，大数据不仅仅是如影随形的监督者，还是随叫随到的教练员。祸兮福所倚，在本次抗疫中诞生的高科技产品应该继续完善和推广，继续为提高全国人民的身体健康做出贡献。

生物信息，奥密克戎名字背后的奥秘

基因数据——真正的海量

新冠病毒经过不断变化，从自然宿主传到人类，并在刚开始传到人类的少数个体中也继续积累着突变，最终成功地在人群之间快速传播，最终海量病毒在海量人群中传播和变异，形成了生物信息学领域的主战场。

2020 年的最后一天，世界卫生组织通报了新冠病毒自出现以来的主要变异情况，当时已有四种变体。（1）D614G 变异：是指新冠病毒刺突蛋白上第 614 位氨基酸由天冬氨酸（D）变成了甘氨酸（G），于 2020 年 1 月下旬至 2 月初发现。在 2020 年 3 月之前，携带有 D614G 突变的病毒毒株远没有成为全球主流，还不到全球公布毒株测序序列的 10%，但截止到 2020 年 6 月底已经超过 90%。（2）丹麦 Y453F 变异：导致水貂被大量捕杀。（3）英国 N501Y.V1 变异：最早在 2020 年 12 月 14 日发现于英国东南部肯特郡，相比 D614G 的单碱基突变，这个变异包括大量碱基突变。（4）南非 N501Y.V2 变异：跟英国 N501Y.V1 变异相区别，2020 年

12 月 18 日在南非首次检测到。

　　起初这些突变是根据刺突蛋白上变异的氨基酸位置来命名的，由于变异的氨基酸越来越多，不好再一一罗列，且对科学溯源也起不到很好的作用，所以就改变了命名方法。比如， 英国 N501Y.V1 变异变成了 B.1.1.7 变异，这也就避免了污名化。这里的"B"可不是指"英国"（British），而是基于一种以 A、B 主分支为基础的详细进化分支划分方法。该命名方法来自牛津大学、剑桥大学、爱丁堡大学的英国科学家团队开发的一种软件，软件取名为"穿山甲"（pangolin）。不过这个穿山甲跟前面提到的可能是新冠病毒二传手的穿山甲没有关系，它仅仅是一个缩写而已，全称是"对已命名的全球暴发谱系的系统发生树分配"（Phylogenetic Assignment of Named Global Outbreak Lineages）。介绍这个命名方法的学术文章发表在《自然·微生物学》杂志上，文章题目是《用于帮助基因组流行病学的 SARS-CoV-2 谱系的动态命名建议》（A dynamic nomenclature proposal for SARS-CoV-2 lineages to assist genomic epidemiology）。从名字上可以看出，该命名方法的核心特征是"动态"，不是像人名或地名那样几乎一成不变，而是使用了一个类似"取号"的机制，所以变异病毒的名字需要结合"时空"识别当下活跃的病毒分支。该方法限制了层级分支标签的数量和深度，并去除一些观察不到或者传播十分不活跃的分支，从而使系统变得简单易懂。上面提到的 B.1.1.7 这样的新冠病毒标签，仍然不适合大众使用。大众还是喜欢 A、B、C、D 或 甲、乙、丙、丁这样的标签，简单易记。2021 年 5 月，世界卫生组织宣布使用希腊字母命名新冠病毒变异株，将在英国、南非、巴西和印度首先发现的毒株分别命名为"阿尔法"（Alpha）、"贝塔"（Beta）、"伽马"（Gamma）、"德尔塔"（Delta）。目前主要流行的毒株的科学标签是 B.1.1.529，对应的希腊字母标签是"奥密克戎"（Omicron），该字母位于希腊字母表格的第 15 位。

核酸变异的数学规律

总的来说，越高等的生物种类，基因组的碱基数量越大。但是，在具体的各种属之间，基因组的长度跟进化的时间似乎没有太大的关系，就像猿类、猴类和人类，尽管猿类、猴类的基因组比人类的基因组长，但是人类的进化却比这两类物种要早得多。正所谓"船小好调头"，基因组越大的生物，基因变异速率越小。相比于以 DNA 双链为遗传物质的生物来说，在理论上，以 RNA 单链为遗传物质的生物变异速度要快得多，毕竟无拘无束的"单身汉"行动自由多了。就拿新冠病毒来说，它含有大约 3 万个碱基，平均每次自我复制大约产生 3 个碱基变异，这个变异速度远高于 DNA 病毒。图 6.2 仿自 2010 年发表在《美国科学院院刊》上的文章《病毒出现的比较基因组学》（The comparative genomics of viral emergence），图的横坐标是每类生物的基因组大小，纵坐标是其核酸变异的平均速率（突变率）。新冠病毒突变速度仅约为流感病毒的 1/2，艾滋病病毒的 1/4，因此我们也不必过于紧张和惶恐。

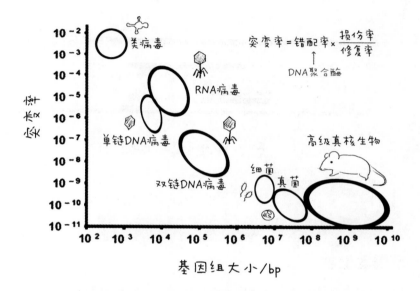

图 6.2　核酸突变率与基因组大小

（仿自 HOLMES E C, 2010. The comparative genomics of viral emergence [J]. PNAS, 107（suppl 1）：1742-1746）

说到这种反向的关系，一种病毒的传染性强度（一般用基本再生系数 R_0 衡量）跟它的毒性（一般用致死率来表示）也有一个大致的反向关系，正所谓"会叫的狗不咬人"，传播越快的病毒一般致死率越低（图 6.3）。

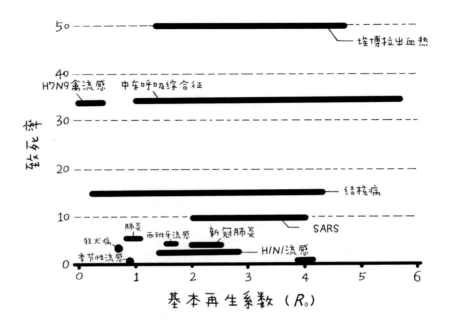

图 6.3   主要传染病的传染性强度和致死率

系统发生学

我们知道遗传学的英文是 genetics，在它的前面加上 phylo（表示"种""群"）前缀之后，就变成了系统发生学（phylogenetics），又称种系发生学、谱系发生学，这是研究及推理生物个体或群体（例如，物种或种群）间演化史及关系的一门学科，属于系统分类学的一部分。利用系统发生学来分析种系的基本逻辑是：两个演化支具有相同的性状状态，这是它们对于某个共有祖先同一状态的保留，而现存生物的性状就是演化史的记录，可作为重建演化史的依据。由系统发生分析的原则，建构了支序分类学的基本逻辑。而系统发生分析已成为理解生物多样性、演化、生态和基因组的核心。系统发生学不止用于研究生物种系的发生与发展，还用在研究系统分类学各个层面的分类单元上面。

系统发生分析一般是建立在分子钟基础上的。分子钟理论认为：在各种不同的发育谱系及足够大的进化时间尺度中，许多序列的进化速率几乎是恒定不变的，所以积累突变的数量和进化时间成一定比例。分子钟理论奠定了分子进化研究的基础。从具体的分析方法上来说，在特定的模型和假设之下，通过评估可观察到的遗传性状（例如，DNA 序列或生物形态）来"假定"这些生物间的关系，这种分析推理方法所得到的结果是一棵系统发生树（phylogenetic tree）（也称为"进化树"）（图 6.4）。进化树的树枝长度代表的是基因分离的时间。

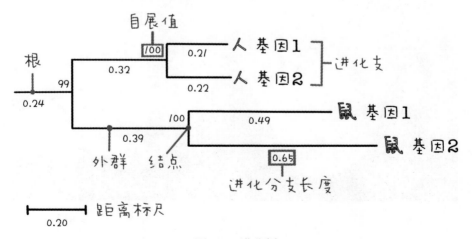

图 6.4　进化树

　　进化树本身是有根的，可是现实世界中我们一般只看到某一根树枝的数据，由于很多树枝没有找到，没有足够的信息来确定进化方向，也就无法确定进化树的根。因此，进化树分有根（rooted）树和无根（unrooted）树。有根树有一个根节点，代表所有其他节点的共同祖先，能反映进化顺序，而无根树只能说明分类单元之间的距离和亲缘关系，不包含进化方向，不能完整地推算出谁是谁的祖先。

　　生命科学领域的进化树这个思路其实跟第一章提到的通过分析地质结构来推测地球的年龄有点相似。生物不断进化，不断死亡，其中一部分死后在当时的地层变成了化石。因此，含有相同化石的地层属于同一个时代。虽然两个地方相距很远，但是如果地层中含有相同的化石，就可以推测它们存在于同一个时代（图6.5）。

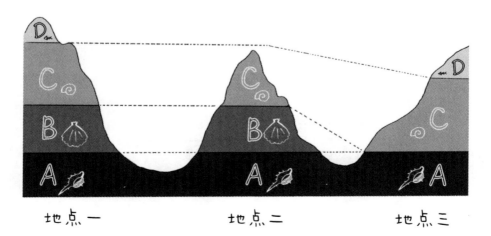

图 6.5　根据化石推测地层时代（示意）

在进化树中，类似这样的推测，要做到很精确的话，需要大量的基因数据。以新冠病毒为例，要构建这样的一棵进化树，首先需要找到很多树干和树叶的基因数据，特别是疫情早期样本的数据。国际上比较全面和权威的数据来自全球流感共享数据库（Global Initiative on Sharing all Influenza Data, GISAID），这个数据库是 2008 年第 61 次世界卫生大会召开时建立的，是目前全球最大的病原微生物基因数据共享平台。虽然该数据库的名字提到的是"流感数据"，但是它的官网（www.gisaid.org）[1] 里面包含了各种传染病病原体的基因数据，也包含新冠病毒数据。不少国际组织的名字或者缩写里面都含有"aid"（帮助）这个词，其目的是想表达它们要提供帮助的美好愿景，比如美国的 www.USAID.org[2]。

2020 年 3 月 16 日，位于深圳的国家基因库成为 GISAID 在中国的首个正式授权平台。中国科学院北京基因组研究所下属的国家基因组科技数据中心（https://ngdc.cncb.ac.cn）[3] 也收集了大量甚至更多的基因数据，该数据不受 GISAID 的约束，用户不需要注册登录，可以直接点击下载。

系统发生树——分析为艾滋病"零号病人"洗冤

大多数传染病在患病初期便会出现相应的症状，例如，肺

1　网站检索日期：2021–11–12。

2　网站检索日期：2021–11–12。

3　网站检索日期：2021–11–12。

部的传染病会出现持续高烧、咳嗽，消化道传染病会出现严重腹泻、呕吐等。这些疾病通常潜伏期短，且症状表现剧烈，很容易被人察觉。然而，艾滋病感染初期并无明显症状，对于一些患者，病毒潜伏期可长达数年，因此，不容易做到"早发现、早诊断"。

1980年，世界第一份艾滋病报告在美国发布。当时，美国加州大学洛杉矶分校免疫学家兼医生迈克尔·戈特利布（Michael Gottlieb）发现，他的五名年轻同性恋患者患了同一种由卡氏肺孢子虫引起的真菌性肺炎。这种真菌在通常情况下是无害的并且可以被人体免疫系统清除，一般只在糖尿病患者和抵抗力低下的患者中常见。除此之外，戈特利布还发现这五名患者同时感染了口腔念珠菌。感到困惑的戈特利布对他们进行了血液检查，结果显示这几名患者的T细胞数值极低。作为专门研究免疫预防系统的戈特利布感到深深的不安，他觉得这种疾病的发展趋势恐怕凶多吉少。于是，他和他的同事们把观察到的情况汇总成一篇简报发表在《发病率与死亡率周报》（MMWR）上，这也是全球第一份关于艾滋病的医学警告。随后的几个月，美国其他地方陆续报道类似的患者。当时医学界认为这是一种免疫功能失调引起的疾病，因此将它称为获得性免疫缺陷综合征（acquired immunodeficiency syndrome，AIDS）。

为了探寻传染源头，美国疾控中心调查了全国40名艾滋病患者。根据这 40 名患者的病史画了一幅由 40 个圆组成的关系图，圆与圆重叠的部分代表两人之间有性关系，并把英俊潇洒的法裔加拿大籍空乘杜加斯（Gaëtan Dugas）标记为"患者 O"，因为他是"加州以外的病例"（out-of-California）。但是，因为字母"O"与数字"0"很相似，阴错阳差地，这个字母"O"后来被改写成了数字"0"，杜加斯也因此被称为"零号病人"。尽管当时人们相信他们找到了"零号病人"，可是与杜加斯无关的海地患者却没有合理的解释。

其实，早在 1980 年夏天，兽医学者菲丽丝·卡吉就发现有些圈养的亚洲猕猴死于神秘的免疫紊乱疾病。只不过，当时她并不知道造成这种疾病的病毒就是艾滋病病毒的"亲戚"。到 1985 年才有研究人员证明：猴子身上有艾滋病病毒的"亲戚"，并定名为 SIV（类人猿免疫缺陷病毒）。随后在非洲绿猴身上找到了 SIV，非洲绿猴又称绿猴，分布十分广泛，在西非地区几乎都可以见到它们的身影。研究者发现，不论在野外生存的还是在各研究中心中饲养的，大概一半非洲绿猴都携带 SIV，却不发病，这表明 SIV 与非洲绿猴和平共处或许几百年了。

为了探究艾滋病到底起源于何处，大量学者开展了相关研究，社会各界也纷纷做出猜测。例如，在 20 世纪 90 年代的一本畅销书中说，1957—1960 年刚果的脊灰病疫苗可能是瘟疫的源头，因为疫苗培育使用了黑猩猩的肾脏，但这个观点被科学家否定了。

直到 2016 年，艾滋病相关溯源研究有了质的突破。2016 年 10 月，《自然》杂志发表重磅文章《20 世纪 70 年代和 "零号病人" HIV-1 基因组阐明了北美早期的 HIV/AIDS 历史》（1970s and "Patient 0" HIV-1 genomes illuminate early HIV/AIDS history in North America），得出结论的是，杜加斯并不是把艾滋病传入美国的 "零号病人"，他只是 20 世纪 70 年代感染艾滋病病毒的成千上万患者中的一名。该研究团队来自美国亚利桑那大学，分析了大约 2000 份来自纽约和旧金山的血样，得到了 8 个完整的艾滋病病毒基因组合，并通过这些信息建立了艾滋病病毒的进化树，由此推算出艾滋病病毒传入美国的时间。

该文章的第一作者迈克尔·沃洛贝博士（Michael Worobey）指出，研究结果显示艾滋病开始在美国传播的时间是 1970 年或 1971 年，而不是 70 年代晚期，并且断定杜加斯所携带的病毒并不是美国传播病毒的 "源头"。这个研究结果除了为杜加斯正名之外，也披露了纽约这座城市在艾滋病病毒传播中的关键作用。科学家认为，刚果（金）的城市金沙萨大约在 1970 年把艾滋病病毒传向加勒比地区，并传向美国。金沙萨是艾滋病病毒总体传播的一个关键转折点，而纽约市成为艾滋病病毒传播的枢纽。从这里，病毒走向美国西海岸，最终走向西欧、南美和澳大利亚、日本等其他各个地方（图 6.6）。所以，即使证据看似充分，病毒溯源仍然容易出错，目前有关艾

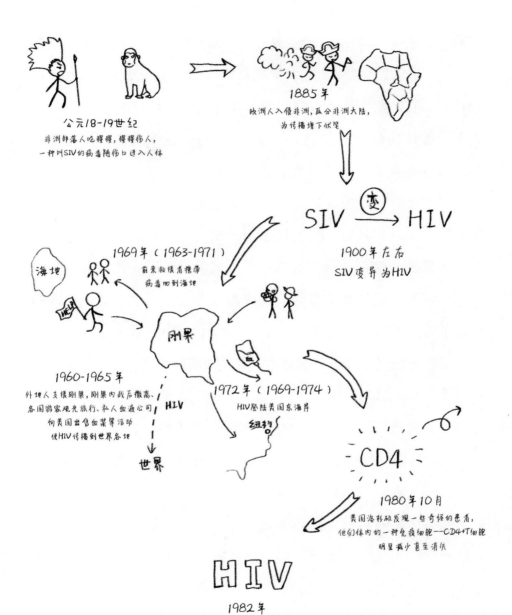

公元18-19世纪
非洲部落人吃猩猩，猩猩伤人，
一种叫SIV的病毒随伤口进入人体

1885年
欧洲人入侵非洲，瓜分非洲大陆，
为传播埋下伏笔

SIV （变）→ HIV

1900年左右
SIV变异为HIV

海地

1969年（1963-1971）
前来救援者携带
病毒回到海地

刚果

1960-1965年
外地人支援刚果，刚果内战后撤离、
各国游客观光旅行、私人血液公司
向美国出售血浆等活动
使HIV传播到世界各地

HIV → 世界

1972年（1969-1974）
HIV登陆美国东海岸

纽约

CD4

1980年10月
美国洛杉矶发现一些奇怪的患者，
他们体内的一种免疫细胞——CD4+T细胞
明显减少甚至消失

HIV

1982年
人们将这种破坏免疫功能的疾病称为艾滋病，其致病元凶就是被称为HIV的病毒

图 6.6 艾滋病的核酸溯源

滋病的溯源研究和争议还在继续。2021 年 1 月，剑桥大学出版社出版了加拿大谢布鲁克大学流行病学家雅克·佩潘（Jacques Pepin）的论著《艾滋病的起源》（*Origin of AIDS*）第二版，距第一版的出版已经整整过了 10 年。有兴趣的读者不妨仔细读读，或许里面有新的理论和假说。

在艾滋病研究方面，还有一位著名的华裔学者——出生于广东的病毒学家黄以静（Flossie Wong-Staal），她是世界上第一位克隆出艾滋病病毒并且透彻研究艾滋病病毒基因功能的人。2020 年《发现》杂志将她评为改变世界的十大女性科学家之一。1984 年，黄以静所在的罗伯特·加洛（Robert Gallo）团队在《科学》杂志上宣布发现了艾滋病病毒，但是法国巴斯德研究所的吕克·蒙塔尼耶（Luc Montagnier）抗议，说他们在一年前分离出了一种与淋巴结病相关的病毒，并早于 1983 年在《科学》杂志上发表。1989 年，黄以静成功克隆艾滋病病毒并测序。遗憾的是，尽管加洛团队在艾滋病病毒研究方面取得的成果总量更多，但秉承奖励原创性科学家的宗旨，2008 年诺贝尔生理学或医学奖仍然颁给了蒙塔尼耶。由此看出在医学领域，学术发表非常重要，白纸黑字才能证明谁是第一个做出来的。

2020 年 4 月，蒙塔尼耶在一次电视节目中提出：新冠病毒有人工操作的痕迹，有人添加了艾滋病病毒的序列片段。这个言论一出，立马引起社会舆论。我国著名生物学家饶毅以《对某校引进诺贝尔奖得主的意见》一文，批驳了这种病毒来源于实验室的说法。其实，早在 2020 年 2 月，《柳叶刀》刊出的一份来自 8 个国家 27 位科学家的联署声明指出，各国科学家分析新冠病毒基因组得到"压倒性"的结论，认为新冠病毒和其他新兴病原体一样源于野生动物，并强烈谴责新冠病毒非自然起源的阴谋论。2020 年 3 月，国际《自然·医学》期刊发表了一份美国、澳大利亚、英国等专家共同撰写的研究报告《新冠病毒的近端起源》（The proximal origin of SARS-CoV-2），认定新冠病毒"不可能是人工制造"。用通俗的语言来总结这个国际权威团队的发现，那就是：新冠病毒真造也造不出来，真造也不造这样的，真造出来也会留下蛛丝马迹。

统计预测，所有的模型都是错的？

英国统计学家乔治·博克斯（George Box）曾经说过：所有模型都是错的，但其中有些是有用的（All models are wrong, but some are useful）。这样的阐述，容易让人不知所措，但是我们也完全没有必要悲观。严格来说，我们平时看到的每一个城市的地铁地图其实也是错的，它们并不是按照地铁的真实线路和每个车站之间的真实距离等比例画出来的，但这并不影响这些地铁地图的广泛使用。数学模型的本质是对一个系统问题抽象而又简洁地刻画。影响疫情的因素实在太多太复杂，从"黑天鹅"到"灰犀牛"再到"蝴蝶效应"，各个因素和环节随时都会让模型"失之毫厘、谬以千里"。但是在大数据和机器学习的加持下，在全球统计学家的一次次精心调校下，基于模拟得出的疫情预测，在防疫中发挥了积极的作用。

2020 年 3 月，在全球新冠肺炎感染者人数还不到 100 万的时候，英国帝国理工学院发布的第 12 份疫情报告里，给出了全球感染人数高、中、低三个感染场景的预测的中间数字：高感染场景（全球不采取任何减缓疫情措施），预计约 70 亿人感染；中感染场景（各国在每 10 万人每周死亡 1.6 人时开始采取核酸检测和社交隔离等防疫措施），预计约 24 亿人感染；低感染场景（各国在每 10 万人每周死亡 0.2 人时开始采取抑制疫情措施），预计约 4.7 亿人感染。在帝国理工学院团队这份报告分析的三个场景中，新冠肺炎致死率分别约为 0.58%、0.43%、0.40%，而当时实际公布的致死率接近 5%。在还不到 100 万人感染的时候，模型预测全球会有几十亿人感染，这在当时肯定是不可思议的，但是今天我们不得不惊叹这个预测其实是非常可靠和可信的。值得庆幸的是，帝国理工学院团队自疫情暴发以来多次发布报告均被广泛引用，也对各国政府的防疫政策起到了一定的作用。

给传染病建模的历史至少可以追溯到 17 世纪，而 100 年前的英国科学家罗纳德·罗斯（Ronald Ross）通过建模预测蚊子密度与疟疾感染人数的关系，他也因发现疟原虫通过疟蚊传入人体的途径而获得第二个诺贝尔生理学或医学奖。1927 年，为了研究发生于英国伦敦的黑死病流行规律，克马克 – 麦肯德里克（Kermack–McKendrick）提出仓室模型（也叫"房室模型"）（compartment model），该模型被广泛用于模拟 20 世纪和 21 世纪的大多数传染病，助力科学疫情防控策略的产生。仓室模型是基于数学逻辑方法和语言，根据是否感染、康复等标准，将不同类型的人群分为不同"仓室"（易感者 susceptible、感染者 infected、移出者 removed，SIR），针对人群在不同仓室间的转移概率，使用微分方程来建模求解，进而完成相关估计和预测。

随着信息时代的到来，海量数据得到收集与储存，计算机运算能力不断提高，"基于个体模型"应运而生，与"仓室模型"将人群粗分为几大类不同，这是结合计算机技术对世界的一个"仿真建模"，如同为真实世界打造一个沙盘。它将每个人视为独立的对象，通过模拟微观层面的个体行为，例如，人与人或环境之间的接触、感染后的病程等，自下而上地对宏观层面的复杂动态进行诠释，推演出系统的宏观结果。疫情分析系统主要由模型和数据两部分组成。在大数据时代，除了关注分析模型外，科学家们越来越重视数据真伪、精度、可信度等问题，通过利用多源信息融合等技术去粗取精、去伪存真，为模型输入更高质量的数据，提高分析结果的准确性。

上述统计模型是在疫情出现之后模拟疫情的走势和规模。那么有没有什么技术可以像预测地震那样去预测疫情发生的大致时间呢？

其实，2008 年 11 月，谷歌开发过一个叫作"谷歌流感趋势"（google flu trends，GFT）的工具，目标是预测美国疾控中心报告的流感发病率。刚开始的时候，这个 GFT 预测工具有着十分惊艳的战绩。2009 年，GFT 团队在《自然》杂志发文宣称，通过分析数十亿搜索中 45 个与流感相关的关键词，就能比美国疾控中心提前两周预报 2007—2008 年冬季流感的发病率。有了这两周，人们就可以有充足的时间提前预备。但是好景不长，2014 年，有学者在《科学》杂志发文质疑 GFT 的表现。后来一系列质疑导致 GFT 在 2015 年停止运行。

在一个地方跌倒了，可以从另一个地方爬起来。2021 年，谷歌隆重推出了最新的人工智能预测工具，这次不再预测传染病流行，而是转战生物领域，预测蛋白质分子三维结构。这个名叫 AlphaFold 的工具和打败围棋高手的 AlphaGo 可谓孪生兄弟。所有生物都是由蛋白质构成的，一旦蛋白质结构能够被准确预测，它将会对健康、生态、环境产生重大影响，并基本上解决涉及生命系统的问题，比如，通过设计出新的蛋白质来抗击疾病、解决塑料污染等，还可应对众多世纪难题。

在深入了解 AlphaFold 如何基于核酸碱基序列来预测蛋白质三维结构之前，我们先来温习一下中心法则，其中从核酸序列到氨基酸序列的过程被称为翻译（translation）（图 6.7）。

中心法则中的翻译规则，比我们日常用到的不同语言之间的翻译要简单多了。就好比把过去的《三字经》翻成现代的白话文，《三字经》里的三个汉字连在一起才能表达一句白话文，就好比三个相连的核苷酸放到一起才能翻译成一个氨基酸。这个法则的密码如图 6.8 的"转盘"所示，从最内环到中间夹层再到最外层，画一条直线，这个"三点一线"所对应的转盘最外面一层是氨基酸密码。

除了氨基酸密码外，最外围有一个 "起点"，还有三个 "停止"。"起点"对应的密码子是 A-U-G（"八月"的英文缩写），而"停止"密码子（U-G-A，U-A-G，U-A-A），就好比我们可以用"停工""停下""停停"来表示同一个信号。有趣的是，拍电影的"开始"（Action）的头三个字母和"喊停"（Cut）这三个字母都是氨基酸密码。如果学生物的人做导演，或许他们就不喊 Action 和 Cut 了，而是喊"八月"（AUG）和"呜啊（UAA）"，不过就是没有 UGG。

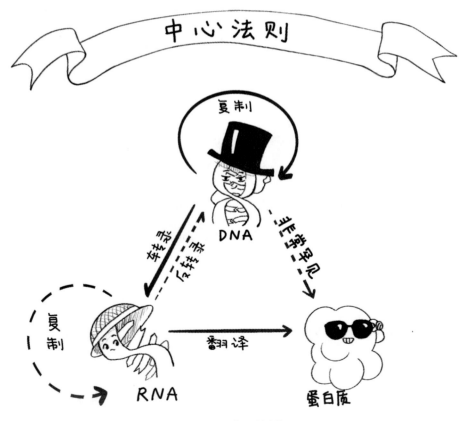

图 6.7　中心法则

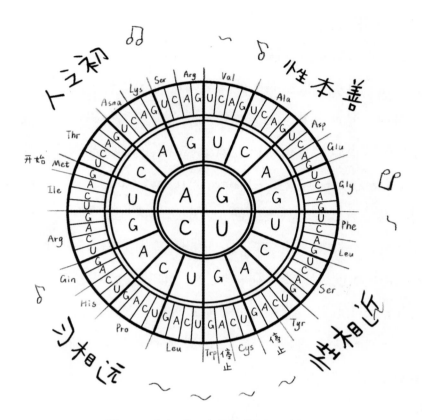

图 6.8 有如《三字经》的氨基酸密码

由于在转盘上画"三点一线"的方法太过原始，在实际操作中一般不会用。实际工作中会有专门的软件来进行变异影响的预测，比如一款由剑桥大学桑格研究院开发的 Variant Effect Predictor 软件，笔者也是该软件的忠实用户。2016 年，*Genome Biology* 杂志发表了一篇文章《变异注释工具》（The Ensembl Variant Effect Predictor）。文章的题目就是这个软件的名字，这就好比一个人的名片只写了这个人的名字，可见这款软件在业界的知名度。题目中的 Ensembl 是 1999 年启动的一个基因组数据库项目。

　　生物体的氨基酸密码并不是一成不变的，有的时候也会发生一些突变。目前，根据碱基的突变情况可大体将核酸的突变类型分为四种：沉默突变、无义突变、错义突变和移码突变。最常见的突变是单个点的变化，还有多个核苷酸的插入或缺失。其中比较严重的一种是移码突变（frame shift mutation），是指 DNA 分子由于某位点碱基的缺失或插入，引起阅读框架变化，造成下游的一系列密码改变，使编码某种肽链的基因编码了另一种完全不同的肽链。这就好比解读《三字经》，本来是 "人之初，性本善，性相近，习相远"。结果，由于前面两个字弄丢了，就变成 "初性本，善性相，近习相，远" 了，那就完全不能正确解读了。移码突变对人体健康造成重大影响，其所致的 DNA 损伤一般远远大于单点突变，往往会产生很严重的疾病。

前世今生的大数据，从蓝点到一片蓝海

新冠肺炎疫情是一只"黑天鹅"，是非常小概率的事件，但在这只"黑天鹅"的背后是"灰犀牛"。在疫情大规模暴发与扩散前已有迹象显现，但被我们所忽略。当我们看见远处若隐若现的"灰犀牛"，可能毫不在意，可是一旦它失去了控制，向我们狂奔而来，后果不堪设想。

近年来非常火热的大数据、机器学习和人工智能，居然没能有效地预警这次疫情，引起了业界和学界的反思。据称，对这次疫情最早发出预警的是位于加拿大多伦多的人工智能创业公司——蓝点（Bluedot）公司。蓝色代表 IT 高科技，IBM 那样的大公司会用"深蓝"（deep blue）这样的名字来展示它的技术水平的高深。所以，蓝点公司从名字上来看，确实有些谦卑。蓝点公司于 2019 年 12 月 31 日向客户发出新冠肺炎疫情暴发警报，远早于世界卫生组织和美国 CDC。

蓝点公司的核心技术是自然语言处理和机器学习，通过搜索全球的新闻报道、航空数据，以及动物疾病暴发的报告实现早期预警。

蓝点公司的成功与其创始人卡姆兰·卡恩（Kamran Khan）多年深耕是分不开的。据说卡恩在 2003 年 SARS 流行期间曾在多伦多担任医院传染病专家，目睹该病毒席卷整个城市，并使医院瘫痪的悲剧。他梦想找到一种更好的追踪疾病的方法，于是创立了蓝点公司。新冠肺炎疫情之后，全球都重视类似蓝点公司的技术，该领域的发展也会成为一片蓝海。"星星之火，可以燎原"。人类将一如既往地用智慧之火和科技之火战胜疫情之火。